Prototyping Lab

第2版 | 「邊做邊學」，Arduino的運用實例

Prototyping Lab

第2版 | 「邊做邊學」，Arduino的運用實例　　小林 茂 著　許郁文 譯

"Build to Think" with Arduino

A COOKBOOK TO LEARN WAYS OF TINKERING WITH PROGRAMMING & ELECTRONICS

令人期待已久的 Arduino實踐指南 最新**第2版**！

Make:

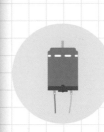

>> 35個立刻能派上用場的「線路圖+範例程式」，以及介紹了電子電路與Arduino的基礎

>> 第2版追加了透過Bluetooth LE進行無線傳輸以及與網路服務互動的章節，也新增了以Arduino與Raspberry Pi打造自律型二輪機器人的範例；最後還介紹許多以Arduino為雛型、打造各種原型的產品範例。

誠品、金石堂、博客來及各大書局均售
馥林文化　www.fullon.com.tw　**f**《馥林文化讀書俱樂部》

定價：**680**元

CONTENTS

CONNECTED EVERYTHING

封面故事：
吉爾．歐果與機器歐羅西合影，參考了網路資源學會擺姿勢
攝影：赫普．斯瓦迪雅

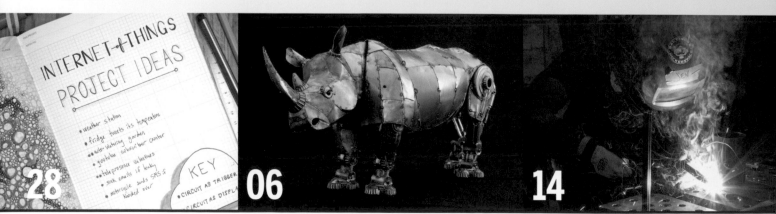

Hep Svadja, Becky Stern, Andrew Chase, Jeff Shaw, Greg Treseder, Norman Chan, William Gurstelle

注意：科技、法律以及製造業者常於商品以及內容物刻意予以不同程度之限制，因此可能會發生依照本書內容操作，卻無法順利完成作品的情況發生，甚至有時會對機器造成損害，或是導致其他不良結果產生，更或是使用權合約與現行法律有所抵觸。

讀者自身安全將視為讀者自身之責任。相關責任包括：使用適當的器材與防護器具，以及需衡量自身技術與經驗是否足以承擔整套操作過程。一旦不當操作各單元所使用的電動工具及電力，或是未使用防護器具時，非常有可能發生意外之危險事情。

此外，本書內容不適合兒童操作。而為了方便讀者理解操作步驟，本書解說所使用之照片與插圖，部分省略了安全防護以及防護器具的畫面。

有關本書內容於應用之際所產生的任何問題，皆視為讀者自身的責任。請恕泰電電業股份有限公司不負因本書內容所導致的任何損失與損害。讀者自身也應負責確認在操作本書內容之際，是否侵害著作權與侵犯法律。

38

42

50

56

62

Make:

國家圖書館出版品預行編目資料

Make：國際中文版／ MAKER MEDIA 作；Madison 等譯
-- 初版 . -- 臺北市：泰電電業，2019.1　冊；公分
ISBN：978-986-405-061-1　（第 39 冊：平裝）
1. 生活科技
400　　　　　　　　　　　　　　　107002234

EXECUTIVE
CHAIRMAN & CEO
Dale Dougherty
dale@makermedia.com

CFO & COO
Todd Sotkiewicz
todd@makermedia.com

EDITORIAL

EDITORIAL DIRECTOR
Roger Stewart
roger@makermedia.com

EXECUTIVE EDITOR
Mike Senese
mike@makermedia.com

SENIOR EDITORS
Keith Hammond
khammond@makermedia.com

Caleb Kraft
caleb@makermedia.com

EDITOR
Laurie Barton

PRODUCTION MANAGER
Craig Couden

BOOKS EDITOR
Patrick Di Justo

CONTRIBUTING EDITORS
William Gurstelle
Charles Platt
Matt Stultz

DESIGN,
PHOTOGRAPHY
& VIDEO

ART DIRECTOR
Juliann Brown

PHOTO EDITOR
Hep Svadja

SENIOR VIDEO PRODUCER
Tyler Winegarner

MAKEZINE.COM

ENGINEERING MANAGER
Jazmine Livingston

WEB/PRODUCT
DEVELOPMENT
Rio Roth-Barreiro
Maya Gorton
Pravisti Shrestha
Stephanie Stokes
Alicia Williams

Make：國際中文版39
（Make：Volume 64）

編者：MAKER MEDIA
總編輯：曹乙帆
主編：井楷涵
執行編輯：潘榮美
網站編輯：偕詩敏
版面構成：陳佩娟
部門經理：李幸秋
行銷主任：莊澄蓁
行銷企劃：李思萱、鄧語薇
出版：泰電電業股份有限公司
地址：臺北市中正區博愛路76號8樓
電話：（02）2381-1180
傳真：（02）2314-3621
劃撥帳號：1942-3543 泰電電業股份有限公司
網站：http://www.makezine.com.tw
總經銷：時報文化出版企業股份有限公司
電話：（02）2306-6842
地址：桃園縣龜山鄉萬壽路2段351號
印刷：時報文化出版企業股份有限公司
ISBN：978-986-405-061-1
2019年1月初版　定價260元

版權所有・翻印必究（Printed in Taiwan）
◎本書如有缺頁、破損、裝訂錯誤，請寄回本公司更換

Vol.40 2019/1 預定發行
www.makezine.com.tw
更新中！

WELCOME

創造驚喜
Building Excitement

文：《MAKE》雜誌總編輯麥克・西尼斯　譯：編輯部

　　在《MAKE》雜誌工作的好處之一，就是能遇見來自各地的創作者，看到他們超棒的專題和作品。我們近期的指標性活動，也就是2018年5月舉行的舊金山灣區（Bay Area）Maker Faire，當然也不例外。各種新興科技、震撼人心的藝術品、動手做展品和許多作品一字排開。在展會中，Arduino發表了一系列新上市微控制板，包括首款進入FPGA領域的嘗試之作Vidor 4000；據稱這款拖放式介面可程式化晶片將在發布後數月內上市。Oculus亦邀請遊客試用最新款VR設計工具Medium，還展示了幾款在虛擬環境中創作、以3D列印完成的雕塑品。Solar Rollers展示了他們家順暢好用的教學平臺，並舉辦互動式競速賽。Magnitude.io則提供年輕學子體驗微重力環境的機會。以上都只是令編輯部讚歎的眾多明星中一小部分，在本期第10頁及我們的即時部落格貼文makezine.com/2018/05/18/live-updates-maker-faire-bay-area-2018可以看到更多作品。

　　在這次活動及世界各地Maker Faire中，我們看到彷彿無邊無盡的靈感；我強烈建議各位去參觀一次看看，而且多多益善。參觀之後，和我們分享讓你印象最深刻的作品。Maker社群中不乏令人驚豔的事物，不過我們想聽聽雜誌的讀者們會喜歡什麼樣的驚喜。

　　祝大家動手做快樂！

國際中文版譯者

Hannah：自由譯者，覺得能透過翻譯搭起語言間的橋樑別具意義，喜愛學語言、文學、繪本、醫療及科普新知。

Madison：2010年開始兼職筆譯生涯，專長領域是自然、科普與行銷。

Skylar C：師大翻譯所口筆譯組研究生，現為自由譯者，相信文字的力量，認為譯者跟詩人一樣，都是「戴著腳鐐跳舞」，樂於泳渡語言的汪洋，享受推敲琢磨的樂趣。

屠建明：目前為全職譯者。身為愛丁堡大學的文學畢業生，深陷小說、戲劇的世界，但也曾主修電機，對任何科技新知都有濃厚的興趣。

張婉秦：蘇格蘭史崔克萊大學國際行銷碩士，輔大影像傳播系學士，一直在媒體與行銷界打滾，喜歡學語言，對新奇的東西毫無抵抗能力。

蔡牧言：對語言及音樂充滿熱情，是個注重運動和內在安穩的人，帶有根深蒂固的研究精神。目前主要做為譯者，同時抽空拓展投資操盤、心理諮商方面能力。

蔡宸紘：目前於政大哲學修行中。平日往返於工作、戲劇及一小撮的課業裡，熱衷奇異的搞笑拍子。

謝明珊：臺灣大學政治系國際關係組碩士。專職翻譯雜誌、電影、電視，並樂在其中，深信人就是要做自己喜歡的事。

機器人與代言人 譯：張婉秦

Robots and Representation

Hep Svadja

自製INMOOV

當我10歲的時候，參加了生平第一場Maker Faire，受到很大的鼓舞！自此之後，我開始運用Arduino套件製作自己的電路板，並且嘗試跟我媽媽一起修改程式碼。再隔年夏天，我讀了《MAKE》雜誌的一篇文章，內容是關於世界第一個用開源程式碼3D列印的人形機器人，稱作InMoov。這篇文章帶給我很大的啟發。最棒的是，世界各地的一般人都能做出自己的InMoov。我知道如果他們可以做出等比例的人形機器人，那我也可以做出機器人。

在我12歲那年初夏，媽媽買了一臺LutzBot迷你3D印表機。接著我在Thingiverse找到一個InMoov頭部的檔案，花了大概一個月列印與組裝。製作軀幹就耗費了剩餘的夏日。而在漫長的夏天，我有大把的時間可以做想做的東西。製作機器人的軀幹很快成為一項嗜好，但最棒的地方是當媽媽回家的時候，看到我這段時間完成的作品。

我們期待下一個夏天能將機器人升級！
——羅琳・戴維斯，14歲，電子郵件

像我們這樣的間諜

我一定要告訴你，原文雜誌62期出刊的時機很完美。我6歲的女兒真的很想成為一個祕密間諜！我最後還真從工具箱中，挖出一些以前我們剛好組裝完工的焊接學習套件（FM調頻收音機、FM調頻監聽發射器，以及竊聽器）。下一個要做的是雜誌中介紹過的咖啡杯照相機，再把雷射引線微微修改！感謝你們深入介紹在DIY與科技領域中的女性，我很高興我女兒有學習的榜樣，他們不是因為外表才達到今天的成就。

——麥特・列什科，電子郵件

賽博龐克國度

我閱讀《MAKE》是為了尋找靈感與資訊。很開心賽博龐克那一期介紹了能啟發我、而且價格負擔得起的專題，不是超級有錢人也負擔得起這些工具並製作專題。

我也喜歡一瞥真正的次文化。我不知道任何80級的暗夜精靈，但我認識超多賽博龐克人物、無照廣播的狂粉，以及偏僻農村的緬因州駭客。能在《MAKE》雜誌中讀到一些，感覺很好。

——艾力克・洛夫喬伊，電子郵件

有話要說嗎？
我們想聽！將你的故事、照片、苦惱與成就寄到我們的電子信箱
editor@makezine.com.tw。

MADE
ON EARTH

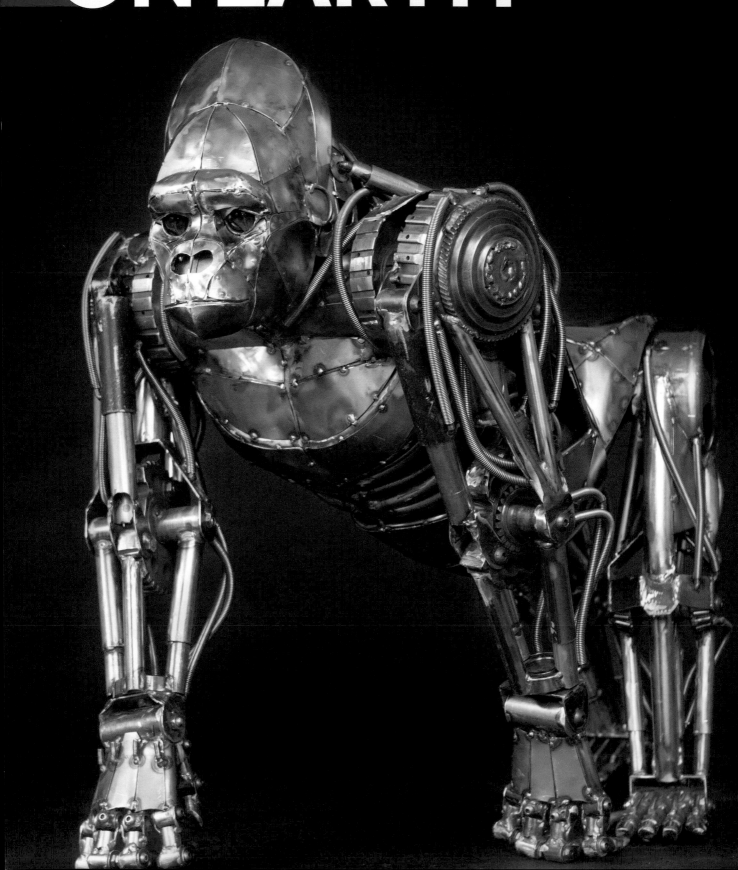

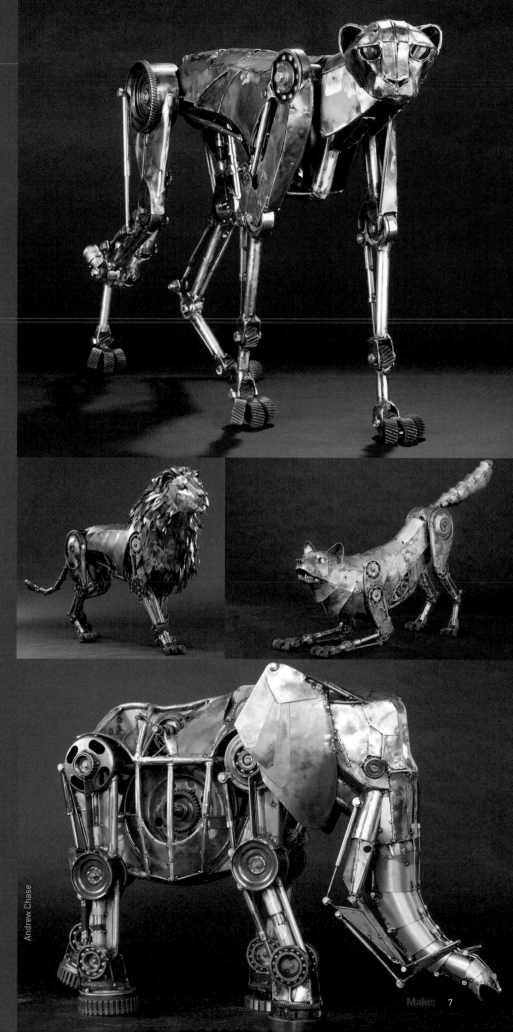

譯：蔡宸紘

金屬動物園

ANDREWCHASE.COM

有時看似平凡的決定，卻會徹底改變你的一生。安德魯·切斯（Andrew Chase）為了製作攝影工作室的金屬防盜窗欄買了一臺小烙鐵，正是這個決定改變了他的一生。焊接從此擄獲了切斯的心，他開始焊製各式各樣的傢俱，從床、桌子到沙發、座椅等皆應有盡有。儘管幾乎無法坐在上面，但它們確實闖出名號，許多人開始向他訂購。

切斯第一個製作的動物是一隻長頸鹿，牠將成為圖書書中的角色。因為這個角色隨故事劇情發展需要變換姿態，於是切斯決定為長頸鹿加上能轉動的關節。

切斯說自己很享受「製作以關節連接的雕塑……其中一個原因是，這樣能夠賦予作品真實和真誠感，反之可能就會缺乏。」然而，若要精確地完成作品則需要費一番功夫。切斯著手的方法是，在動物的側視圖上疊加骨架圖。這個方法能夠定位關節的位置及掌握各部位的比例分配，幫助他製作第一階段的模型：由管子、關節和 1/4 英寸的枝桿組成的骨架。最後階段，切斯會用 20 GA 的金屬板賦予動物全身血肉。

對切斯來說，創作中最難的一個部分是「決定如何取捨」。「一般來說，我加入的零件愈多，雕塑能做的動作就愈少。所以為了讓關節能夠自由轉動，我必須保留缺口和空間。追求愈精細的細節，關節數目就得相對減少，」切斯說道。

切斯製作作品幾乎都使用回收的金屬，而有很大部分是從汽車車間免費拿到的。最終成品的重量大約會落在55磅（獵豹）至150磅（犀牛）間。切斯通常會保留初版，並拿來當模板製作其他的動物。

那接下來的目標呢？他回答：「我正在考慮製作中國的龍。至今我都避開了神話生物，但現在感覺是該改變的時候了。」

——莎拉·維塔

Andrew Chase

譯：蔡宸紘

虛擬面容

MATTHEWMOHR.COM

如果你正計劃要拜訪大哥倫布會議中心（Greater Columbus Convention Center），你絕對會想看看在北中庭（North Atrium）裡14英尺高的人頭像。「天生完美（As We Are）」是由LED螢幕構成的大型作品，呈現出比人頭大17倍左右的虛擬頭像。欲參與作品的參展者會進入一個隱藏在螢幕中央的攝影廂中。攝影廂會拍攝一張參與者頭部的3D照片，再由「天生完美」轉化為不尋常的描繪。這巨型的肖像鼓勵參觀者對於每個人的身分以及過去產生屬於自己的想法。

此作品概念出自馬修・莫爾（Matthew Mohr），哥倫布藝術與設計學院的教授，而他的工作正是善用科技以服務藝術。「我希望人們能夠來到俄亥俄州的哥倫布市，一同體會我在這城市中獲得的感受，」他這麼說。「（哥倫布市）是個具有前瞻思想、而且愈來愈多元的社群，這裡歡迎所有人的參與以及貢獻。『天生完美』正是參與的第一步。」

儘管這件展品是依靠大規模的工程和數位製作的系統，才能夠實現奇妙的臉孔轉換，但莫爾慶幸大部分的參展者仍是把它當作藝術而非科技看待。「我遇過許多參與者有輕微的存在主義危機，」莫爾說道。「這個年代，視覺長期暴露於大量複製的影像，而體驗藝術提供了能夠真實和他人連結、溝通的機會。」

但莫爾的目標不止於此。「『天生完美』是這類型多種呈現方式的第一件作品。但是請容我這麼說，這僅僅是開端而已，」莫爾說。「新增的功能在未來幾年就會發表。」

——喬丹・瑞米

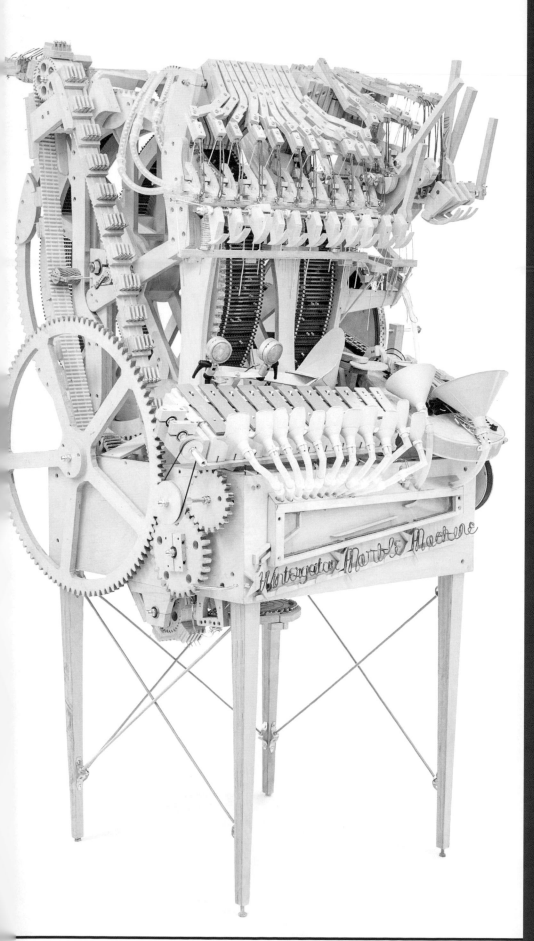

譯：蔡宸紘

鋼珠狂「響」

WINTERGATAN.NET

你一定看過瑞典樂團「Wintergatan」的鋼珠琴（Marble Machine）影片：一個曲柄傳動的三合板組合裝置，立著比多數人都高，而這裝置藉著在多種樂器的平面丟下2000多顆的鋼珠來創造音樂，包含木琴琴鍵、低音吉他的弦與鼓墊。

鋼珠琴的主要創作者為樂團團員馬丁・莫林（Martin Molin）。這個創作是從造訪荷蘭烏特勒支的「音樂鐘博物館（Speelklok Museum）」後得到的靈感，博物館裡頭展示著各式自動演奏的音樂裝置。

無論是能更動配置的敲擊轉輪、分配鋼珠滾進個別樂器軌的隔板、或是為了讓小鼓聲聽來不會像低音鼓而設計的接觸式麥克風外殼，鋼珠琴上的每項機械裝置、每顆奏出的音、每件配置的樂器都是一個問題的解法。莫林現在面臨著更大的難題：他需要打造更堅韌、更穩定的鋼珠琴——鋼珠琴X，和樂團一同巡迴演出。

幸好，這次馬丁不再是孤軍奮戰。他組成了一個研發團隊協助打造鋼珠琴X；另外，他也有全體網路與他為伍，專題的粉絲在網路上不斷給予新的機制或工程方法的建議，協力讓鋼珠琴X的理想得以成真。

我們能隨意將鋼珠琴評價為「能創造美妙音樂的怪異機器」，然而這遠遠不及它真正的價值：鋼珠琴實為牽動音樂的引擎，汲取來自智巧、創造力、社群、工程技術、毅力和用心的能源而驅動。

——泰勒・溫加納

譯：蔡宸紘

魔幻成真

Becca Henry, Jun Shéna

① 根生光

這件優美脫俗的玻璃雕塑是由艾瑞克·鄧恩（Erick Dunn）打造的，不僅具生動的光彩與聲響效果，同時也是互動裝置：可即時撰寫程式碼改變聲光效果。

② 轉吧鯊漩渦

布萊克史密斯（Blacksmith）和鯊魚狂柯克·麥克尼爾（Kirk McNeill）共同打造了引人目光的槌頭鯊漩渦。這需要合作的互動性裝置是由十隻槌頭鯊組成，警示眾人不要再濫取魚翅。小孩（或是大人）合作的話，就能夠轉動這三噸重的底座。

③ 宇宙蠕蟲

與朋友們騎協力車，一邊欣賞沿途風光吧。自行車體配備了500個以上變色LED燈，由泰勒·福誇（Tyler FuQua）創作。

④ 冥想之地

藝術家詹姆斯·皮特森（James Peterson）的創作提供一個平靜、填滿光照的空間，供人在熙來攘往的Maker Faire中稍作休息。

⑤ Spaceteam真實版

Particle的團隊打造了熱門手機遊戲「Spaceteam」的實體版本，運用一片Particle Photon開發板、許多FeatherWing，和一些特製的轉接器。七位玩家得靠著七個裝著對應船艦系統的實際硬體面的行李箱，嘗試修復他們損毀的太空船。

⑥ 夢幻管線

克勞迪·凱特（Clody Cates）創作的巨型PVC水管雕塑，整體搭配煙霧特效、平靜心靈的水聲和斑斕的彩虹動態光影，營造了既撫平人心又能回復能量的環境。

⑦ 時鐘船泰勒

這33英尺高的工程傑作是安迪·提貝特（Andy Tibbetts）打造的，裝備了無輪轂的前輪，和火焰構成的船帆。

⑧ 超狂卡車

杜恩·弗拉莫（Duane Flatmo）和傑瑞·昆寇（Jerry Kunkel）攜手運用回收的金屬廢棄物進行創作，這華麗奇幻的噴火機械生物就是他們的成果！

⑨ 人造機甲

這真實存在的機械外骨骼為形式與功能的結合，是首架由人類駕駛的競速機甲。

Bright Ideas

科技鬼點子

「流言終結者」卡莉·拜倫和「極客媽媽」黛博拉·安瑟爾暢聊關於科技、藝術和自學的神妙

文：卡莉·拜倫 譯：蔡宸紘

流言終結者卡莉·拜倫
Kari Byron

在她的新書《撞擊測試女孩：運用科學解答人生的實驗》（Crash Test Girl: An Unlikely Experiment in Using the Scientific Method to Answer Life's Toughest Questions）（暫譯）中，以科學實驗作為比喻呈現出自己背景的種種面向：她懷抱勇氣走過了學習、人際關係、職業狀況等難關，也仔細分析了從各個階段學得的教訓，再根據結論向讀者分享各式有巧思的建議。這是一本集結了驚人的真誠、高度實用性與幽默感於一身的著作。

——麥克·西尼斯（Mike Senese），《MAKE》總編輯

生而為 Maker

身為一個喜歡藝術的小孩，我總是忙著在打造東西。我甚至一直住在房間的巨大紙板太空船裡，一直到我父母受不了為止。如果你知道我的起源故事（我太喜歡這種超級英雄漫畫的講法了）和我加入流言終結者團隊的歷程，你就知道我曾經想成為模型師並投入特效製作。因此我前去傑米·海納曼（Jamie Hyneman）的M5實業公司實習，以持續我對打造事物的熱愛。我是直到流言終結者真正上軌道後才知道，原來有那麼多像我一樣的人，也是差不多這時期我開始耳聞「Maker」和《MAKE》雜誌的名號。

偶爾我會遇見令我驚艷的Maker，這種人通常擁有和我完全相反的技術。來自「GeekMomProjects.com」的極客媽媽黛博拉·安瑟爾（Debra Ansell）正是此類人。我在以前一場Maker Faire中，就很想擁有她用推特遙控的LED手提包。我最喜歡聰穎又有創造力的人了！於是我開始網路人肉搜尋黛博拉，試著藉此問出她的起源故事，再看看那藏著把戲的閃亮包包裡還有甚麼寶藏。

卡莉：妳跟我一樣甚至從小就是個 Maker 嗎？

黛博拉：我從小就有很多專題的點子，但我總是會因為實際的成品和想像中的預期相差過大而感到非常挫折。以前的我手藝相當不靈巧、也缺乏藝術天份（現在也沒變）。我認為各式電腦和便宜的微控制器是我目前打造東西最大的樂趣來源，因為它們讓我能夠精準地執行指令；同樣地，應用 CAD 和各種如 3D 印表機、雷射切割機等工具，讓我的點子能夠簡單地化為實際。近來，在專題的成品不如我預期時，我已能做到持續調整各種因素以達到自己預期的結果。這個過程實在太令人痛快了。

卡莉：我希望能夠學做妳的髮箍專題，好讓我女兒另眼相看。生於網路世代的她，會是運用那種可程式化工藝品的天生好手。這專題是如何誕生的呢？

黛博拉：我當時在思索一種可程式設計的穿戴式專題，不需要運用任何專業技術（縫紉或焊接），任何人都能完成。在了解最新型的微控制器有何潛力後，我持續篩選各種點子。手提包是我最初採用的點子，而髮箍就是由此衍伸的想法。然而迫於需要，這個專題我仍做了非常小規模的焊接，也為了連結 LED 與微控制器做了一個極簡易的 PCB（印刷電路板）。此外的部分用現成的零件即可簡單組裝完成。

卡莉：燈光序列能夠達到多複雜的程度呢？

黛博拉：儘管我也曾試著讓個別的程式碼區塊代表相對複雜的功能，像是使燈光隨機「閃爍」、或是在髮箍上跑過摩斯密碼以呈現一個詞組，但由於 CircuitPython 的 LED 程式碼產生器是拖放操作，因此產生的模式複雜度也有極限。就我讀到的資訊，Circuit Python 程式碼檔案大小極限是 30 ～ 40KB、或大約 250 行程式碼。我多次用到容量的極限，也盡量試著重複使用相同的程式碼來解決。但因能供使用的 RAM 大小也有其限制，我的程式碼產生器「閃亮聰明（ Brightly ）」確實不太適合設定過長的燈光序列（髮箍配備有 14 顆 LED，這數量很接近我的程式碼產生器的極限，但你仍能用它設定出特定有趣的模式）。新一代執行 Circuit Python 的晶片擁有較多的儲存空間和 RAM，應該就能解決這個問題。所以我並不打算過度在此著墨，等待硬體解決問題。不過在目前的條件下，你仍然可以有多種有趣模式的程式碼產生的。

卡莉：你改寫的程式碼產生器聽起來很有趣。

黛博拉：我正計劃發布「 Brightly 」供所有人使用，你可以到這個網頁看目前的進度：brightwearables.com/brightly/index.html。將網頁左方選單內的程式碼塊拖放至工作區中以制定編碼，再點擊「 Download Code(下載程式碼) 」的圖示，下載名為「 main.py 」的 CircuitPython 檔。其他部分我只想再微調，也希望能在正式發布前添加一點說明。

卡莉：你是怎麼學用 Python 寫程式的呢？

黛博拉：我花了一年在大學學寫程式（ LISP 和 C 語言），但我大部分都是靠自學的，也因此我養成了許多寫程式的壞習慣。我是在康乃爾大學念物理學研究所時，才第一次規律地寫程式，我也會使用 Fortran 分析我的資料檔案。天啊，這暴露我的年紀了！我在研究所畢業後其實也做過一陣子軟體工程師，但我從沒受過正規的訓練。現在看了當時所寫的程式，內心也感到很難為情。我傾向依照多元專題的需求來學習程式設計。在打造繪圖機 V-plotter 時，由於我想要創造一個跨平臺的 GUI 介面，於是我自學了 Python，結果寫出的程式也能順利運作。另一個選擇 Python 的原因是它配有一大堆內建模組，能夠處理複雜的圖像操作和龐大的資料陣列，這正是繪圖機所需要的功能。這種語言十分有趣，也強大得誇張。但是我還是不覺得自己十足掌握它了。

卡莉：真的很難找到讓我女兒感興趣的科技專題。我總是聽聞媽媽朋友們有這句感嘆。

黛博拉：希望對機械或其他科技專題無感的女孩們來說，這個髮箍專題夠好玩、門檻又不會過高。為自己服飾或配件撰寫程式是個有趣又特別的學程式方法，我也希望至今還未受到其他專題激發、但有探究精神的各領域 Maker 們，能夠願意嘗試著手這項專題。◐

Hep Svadja, Debra Ansell

戴上 LED 髮箍的黛博拉‧安瑟爾

髮箍的內部：Gemma M0 和 LED 燈條

黛博拉迷人的光彩手提包

LED 的點綴光與丹寧完美相襯

更多關於黛博拉的資訊：
GeekMomProjects.com

文：珍·何先瑞德　譯：Skylar C

Fast Food

格鬥系速食
BattleBots參賽團隊Poor Life Choices在短短
五週內製作出起司漢堡大逃殺戰鬥機

你是否曾因為想到一個超棒的點子，讓整個房間哄堂大笑？ 好比說，做出一臺起司漢堡機器人…

Poor Life Choices（誤入歧途）是我們在機器人格鬥大賽 BattleBots 中的團隊名稱，我們立志打造出世人前所未見的機器人。有一半的團隊成員從小就夢想參加BattleBots 比賽製作機器人，另一半則單純只是天馬行空，為了好玩想做出一臺起司漢堡戰鬥機器人。

確定好基本的漢堡設計後，從初稿到成品，我們有五週時間來完成一臺機器人。團隊才剛創立屆滿一年，這塊領域又盡是身經百戰的老將，我們自知需要面對巨大的挑戰。我們犯過錯，友誼也經歷過

考驗。我們在數不清的深夜裡大口喝著咖啡、吃著漢堡。但一路以來，我們始終互相扶持。

最好的團隊

邁爾斯·培加拉（Miles Pekala）從一開始就拼命想把漢堡的基本元件化為數位設計，讓我們的小小團隊可以分享專題，成員皆參加過Power Racing Series賽車，分布在奧克蘭、巴爾的摩和芝加哥三個城市。我在奧克蘭的 NIMBY Space 主持工作坊，喬丹·邦克（Jordan Bunker）和琳賽·奧利佛（Lindsay Oliver）則參與製造和物流過程。團隊作為創意和組織的核心，經常到各地金屬供應商和駭客

空間（hackerspace）出差。

我們的隊友查爾斯·威汀頓（Charles Wittington）、布萊斯·法洛（Brice Farrell）、傑瑞米·亞新各斯特（Jeremy Ashinghurst）和安潔拉·霍斯包姆（Angela Rothbaum）都在美國東部，因巴爾的摩駭客空間（Baltimore Hackerspace）而結緣。這個小組針對武器系統做諮詢並加工組件，經費都經過精打細算，並請 The Foundery 協助加工鋁製零件，還到處尋求資金來源。在所有的團隊角色中，會計通常是無名英雄。

重重考驗

我們遇到主要的製造問題，就是如何

POOR LIFE CHOICES團隊成員（由左至右）：
查爾斯·威汀頓
喬丹·邦克
琳賽·奧利佛
珍·何先瑞德
吉姆·巴克、
邁爾斯·培加拉

未刊登於照片中：
布萊斯·法洛、
傑瑞米·亞新各斯特、安潔拉·霍斯包姆

珍·何先瑞德：為加州奧克蘭市的應用科技專家與視覺藝術家。

這間Hackerspace是我們的隊友喬丹·邦克和吉姆·巴克（Jim Burke）創立，而雅克布是 Advanced Metalcraft 的專業焊接和製造工程師。他遊說他的老闆彼得·安瓦（Peter Anwar）和該公司慷慨地贊助、捐贈材料給我們。雅克布也為我們花了 100 多個小時壓彎和焊接這些鋼鐵漢堡！

儘管時間緊迫，但我們還是投入大量心血，研究如何使用軸承、軸和耦合器使培根擺動。由於盔甲形狀的關係，讓武器和驅動器裝在一起卻不互相干擾，是一大挑戰。三個馬達之間的縫隙非常小，為了裝上武器，我們不得不削減驅動馬達上的螺栓。愈接近截止日期，我們的日子愈難過！

關關難過關關過

想當然爾，總是會有一些意想不到的小插曲。要將華麗的盔甲裝到管子框架上時，我們發現與框架半徑是根據第一版的盔甲彎折的，但我們以CAD檔輸入並以鋼鐵製作成型的，卻是第二版的盔甲。唉呀……我們只好進行改造工程。

而且我們正式開始時也漏了一些重要零件：賣10s鋰電池給我們的商家延遲發貨了，電池一直到我們出發去長灘拍攝後才運到奧克蘭。我們必須趕快找到可以裝在馬達下面剩餘空間的鋰電池，所以我們只好勉強使用8s的鋰電池。等我們回到家的那天，就看見正確的電池在門口候著，無聲地羞辱我們。

出外靠朋友

我們剛著手這個專題時，完全沒有得到贊助。但幸運女神卻降臨了，DigiKey 和 Imgur 的朋友聽說我們瘋狂的小漢堡機器人之後，為這個專題貢獻了關鍵的資金。舊金山的一個當地漢堡店 WesBurger 也加入了贊助的行列。沒有這些幫助，就沒有現在的我們！

儘管面臨這些挑戰、緊迫的時間和複雜的製作過程，我們還是將漢堡機器人帶到了競技場！我們百分之百會再做一臺。事實上，在我寫這篇文章時，探索頻道正播放新的集數。根據我近距離觀賞過這些機器人的體驗，我只能說，這個賽季非常精彩！ ●

打造內管框架並且對準零件。取得全長 20 英尺且外徑為 0.75 英寸的 A513 鋼管後，我們將其切割，拿到工業藝術空間 M0xy 和金屬藝術團體 Department of Spontaneous Combustion 處理，那裡有一個非常老舊而且有安全疑慮的滾軸。

由於完全沒有緊急停止或用戶保護措施，我們將這個裝置命名為「拇指粉碎機」（Bendytube Crushyrainumbs）。

這個工具是由外徑 2 英寸的結構，用鋼管所製成，並沒有合適的填充模具。為此，我們不得不請在加州里奇蒙的柴克·威佐（Zach Wetzel）幫助我們。

在 NIMBY 工作時，幾乎每個有接合的組件都需要焊接夾具。要切割和對齊幾百英尺的彎管，精準度是非常關鍵的。喬丹和我在這熬了好幾夜，不眠不休地搶救木材和密集板，並創建 CAD 和 CAM 檔案，

用小型的 Shapeoko CNC工具機 切割模具。

製作機器人的整個過程中，最棘手的障礙就是需要在一個電池上運行兩個系統：驅動器和武器。驅動器倚賴兩種 MY1020 有刷DC馬達，就是那種用來裝在電動滑板車上的。武器則仰賴無刷遙控飛行馬達 Toro Beast。如果沒有這些朋友的幫助，我們就無法將所有零件整合在同一臺 10s 鋰電池上運轉。

把培根帶回家

我們需要一個培根刀片，芝加哥的 Advanced Metalcraft 有一臺強大的雷射切割機，可切割硬化鋼。很幸運地，我們的榮譽隊友雅克布·克林姆茲科（Jakub Klimuszko）剛好是芝加哥的 Hackerspace「一號抽水站」的成員，

文：喬丹·拉米　譯：屠建明

Flying Toward the Future
飛向未來

「代達洛斯」飛行裝載我們向噴射背包之夢更進一步

雖然已經有很多讓人類翱翔雲端的航空器，但我們還是決心創造一個只要穿上火箭飛行裝就能飛越天際的未來。隨著理察·布朗寧（Richard Browning）的「代達洛斯」問世，這樣的未來或許不遠了。就像與之同名的古希臘工匠，這套噴射裝能賦予你飛行的能力。布朗寧從2016年就開始研發代達洛斯，一年後在一場TED演講展示首次對外公開飛行。

布朗寧說：「（這套飛行裝）源自對人類身心潛能的崇敬，並受到我在皇家海軍後備隊以及進行鐵人三項、超級馬拉松和健身操的經驗所啟發。」

喬丹·拉米
Jordan Ramée
大部分的時間在進行關於「極客文化」的寫作，對遊戲設計和日本藝術尤其感興趣，也喜歡在世界各地認識各行各業的創作者。

真實版鋼鐵人

布朗寧的新創公司Gravity（gravity.co）是這套飛行裝的研發推手。該公司仍然在進行代達洛斯三號的調整，但布朗寧對這套飛行裝近期的發展有很高的期待。想要捨棄電腦特效、改採實際特效的電影公司已經開始向他詢問購買事宜。

講到電影，布朗寧的代達洛斯幾乎每次都會被拿來和鋼鐵人的盔甲比較。布朗寧說：「很有趣的是，在第一部鋼鐵人電影裡有托尼·史塔克（Tony Stark）學飛行的情節，可以看出他們的電腦特效團隊在物理方面的思考和理解有多厲害。他們刻劃出和我們的實際研發經驗很類似的過程。」

盔甲之下

這套飛行裝目前以六具噴射引擎（各提供最高22公斤推力）做為飛行動力。飛行裝手臂上的引擎控制方向和速度，同時頭盔內的顯示器列出最新的燃料耗用和飛行高度。布朗寧正著手拓展飛行裝科技，加裝更完整的抬頭顯示器系統、無線地面資料連結和安全氣囊。

布朗寧坦言他的初代飛行裝「需要很強的核心肌力和臂力」，但強調他和團隊「設計使（新版飛行裝）一代比一代不依賴肌力，讓一般體格的人都可以飛行」。雖然做了這麼多保證，這套飛行裝還是看起來非常難用。在布朗寧駕駛飛行裝的影片中，可以看出他在維持平衡的壓力下，手臂一直發抖。

在其中一段飛行影片中，代達洛斯創下身體控制噴射引擎飛行裝的速度紀錄（每小時32英里）。布朗寧向我們保證這套飛行裝能飛更快、更高。他說自己和團隊只是為了謹慎行事而刻意不使出全力；代達洛斯本身可以承受相當程度的撞擊，但人體如果在飛行裝裡墜落就很難全身而退。布朗寧說道：「比起防護，吸震能力更重要，而且在那之前還要能夠快速、安全抵達降落傘高度，而這部分我們已經快達成了。」 ◗

個人飛行裝置的最新發展

HOVERBIKE懸浮自行車

hover-bike.com

Malloy Aeronautics最新的Hoverbike可說是該公司至今最酷的飛行器。設計以和小型直升機相同的速度和高度飛行的Hoverbike能在接近地面的人群旁運轉。它的操作很直覺，因此駕駛員無需經過嚴格訓練。它能載重286英磅，能容納一名駕駛員或遙控飛行。

EHANG 184自動駕駛飛行載具

ehang.com/ehang184

目前僅將於杜拜登場的EHang 184能搭載一名最重250英磅的乘客達30分鐘。它的操作很簡單：只要進入駕駛艙，在控制板輸入目的地，接著放輕鬆，讓它載你到指定座標。這款飛行器時速62英里，由控制中心監控，並備有安全措施，確保它不會在惡劣天氣起飛，並且在發生問題時立即安全降落。

FLYBOARD AIR飛行滑板

zapata.com/air-products/fly-boardair

Flyboard Air的飛行動力來自四組250匹馬力引擎，機上搭載和飛行器類似的邏輯系統，幫助這塊懸浮滑板的平衡，但駕駛員在飛行時仍然要隨時調整。Zapata Racing的創辦人弗朗基·柴帕塔（Franky Zapata）是法國職業水上摩托車駕駛，他說Flyboard Air需要約50到100小時的練習。

SCORPION飛行機車

hoversurf.com

俄美合資飛行設計公司Hoversurf成功測試了Scorpion：一款配備四具馬達的有人駕駛飛行器，操作方式如騎乘機車。該公司將把此設計交給杜拜警方。Scorpion的駕駛員將穿戴身體護具、以驚人的速度飛行，很像《星際大戰》裡的斥候兵。

藝想天開
文：編輯部／潘榮美
圖片提供：Architchen 築房數位

Shape Your Fantasy

透過藝術揮灑創意的方式千百種，Architchen築房數位用參數化設計陶瓷再次證明這點

能不能有一天，創作者可以做出腦海中想像的任何物品，不限任何形狀材質？這也是Architchen築房數位創辦人黃仁杰與曹瀚元的夢想，並且選擇以3D列印製作陶瓷。《MAKE》編輯部也很好奇，這條罕有人選擇的道路有何艱險與風景，於是請到創辦人之一黃仁杰，暢聊創辦以來的心路歷程。

緣起

近五到十年，數位設計在英國的建築學界流行，當時在該地就讀建築相關科系的黃仁杰與與同學曹瀚元，在就學階段後期接觸了數位設計與參數化設計。這個新鮮的設計工具與以往人們將構想付諸實現的方式大不相同。過去用手繪的幾何圖形，現在能用電腦指令變出來，讓許多人、包括他自己都「玩瘋了」，他亦很快就習慣了用程式語言作為設計工具。

這個契機讓兩人構思數位設計如何運用於建築，而美麗的臺灣傳統陶瓷亦吸引他們的注意，後來共同創辦築房數位，並決心結合3D列印與陶瓷，將其運用於建築中。

參數化設計與材質的挑戰

數位設計中的「參數化設計」類似一般程式數位設計，給予指令後就能化為幾何圖案，不過參數化設計則包括在過程中改變指令，讓幾何圖案規則不斷變化，呈現

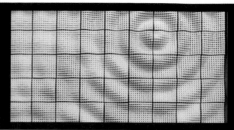

左起：黃仁杰、曹瀚元

更多變的美感。文化中特定的美學標準由來已久，建築中也有為人遵守的黃金比例，黃仁杰認為參數化設計過程亦是美學規則的應用。

除了參數化設計，築房數位選擇以3D列印製作陶瓷材料，更是巨大的挑戰。傳統製作陶瓷的過程，包含泥土成型、煉土、上釉、燒陶等複雜的步驟，目前3D列印能產生塑形的泥土，不過後續工程仍需要手工完成。HCG和成衛浴在過程中給予非常多幫助，例如直接提供成品，而團隊中的專業陶藝師亦提供許多關於製陶技術的諮詢。

比起一般3D列印材質，列印並處理過的陶瓷與傳統陶瓷並無二致、堅固耐用，但不同列印材質在硬體與工具層面都需要磨合，何況是目前鮮有人挑戰的陶瓷材料。目前他們已成功列印出土坯，不過後續加工要完全以機器處理仍有一段路。黃仁杰亦坦言現在列印陶瓷瓷磚的研發過程遇到瓶頸，將在未來想辦法突破。

經營路上

黃仁杰表示，他們的3D列印陶瓷仍屬工藝品，雖涉及機器生產，但亦需要人親手完成，產品成本目前仍無法像工業大量生產一樣大幅降低。也因此尋求合作與找到穩定獲利的商業模式變成最大的挑戰之一。雖然有多個單位有合作意願，卻總是因預算與價格談不攏而告終。臺灣許多業主總是尋求用更低價格，只求做到類似效果的建材。

除了商業與合作模式的挑戰，他們所選擇的設計形式也曾遭受質疑。創辦至今三年，得到各種正面或負面回饋，過程中每年定期辦展，也有人參觀展覽時隨口丟下一句「機器做的很無聊」的評論。他們明白自己設計方式中的創意所在，而負面回饋也轉化為激勵他們把事情「做大」的動力。例如曹瀚元設計的參數造型面磚，乍看之下難以讓人聯想到是瓷磚上的圖案，但經過一番努力，以像素、織品與蜂窩為元素的瓷磚，後來得到「2018工藝之夢」創新設計獎。

他們也曾接到過不同以往的合作案，例如有朋友直接委託，希望用他們的硬體製作出自家室內空間擺設，黃仁杰很期盼這種較難得的合作方式能多多被推廣。

他們受服飾店「APUJAN詹朴」委託，設計重慶店的內部空間，詹朴的業主希望店內空間能獨樹一格，否決了初期較似一般建築空間的提案，甚至希望有如科幻場景般的風格。最後的成果，就是一座宛如奇巖怪石的洞穴，上下都有垂吊或凸起的奇幻布幕與岩石地景，又以純白色為基調襯托店內的服飾。

目前築房數位生產餐具、花器等產品，不過黃仁杰更希望能接到如與詹朴重慶店合作的大型空間設計案。無論藝術層面與經營層面，築房數位一直都在尋求突破。

心懷未來

在國外求學與在臺灣生活與創業的經驗，讓黃仁杰深感其中差異，希望臺灣的教育和文化也能多鼓勵創意、批判思考、觀察生活中的事物，而非被動去學習。因此在2019年，築房數位預計將舉辦如MakerBar形式的工作坊，讓品牌被看見，也讓大眾有機會接觸設計與動手做。

總而言之，向人們展示創意如何透過腦力激盪，以及不斷嘗試、修改、接觸新方式與工具而成真，是築房數位與《MAKE》雜誌共同的期盼。◐

CONNECTED EVERYTHING

萬物聯網

智慧裝置會讓生活更輕鬆，但我們得和它們一樣聰明

文：麥克·西尼斯　譯：屠建明

以前講到「安全性」，要做的只有把門上鎖，把燈點亮。在科技無所不在的今天，我們多了各種一、二十年前無法想像的層面要考量。

數位安全和隱私權的挑戰在於它們的範圍非常廣。我們的生活各層面幾乎無一沒有連線，而且連接裝置數量持續快速成長。攝影機、麥克風、感測器和敏感資料都在便利和效率的偉大夢想下交織，而且在比我們所察覺的還多的地方順利進行著。讓Waze幫我們找路繞過塞車可以多省幾分鐘。叫Siri或Alexa設定備忘錄可以讓我們不錯過重要電話或停車被開單。用IP攝影機監控嬰兒的狀況可以讓我們在出遠門時感到安心。

然而這些工具伴隨著我們才剛開始理解的數位漏洞。有一部分是使用者產生的（例如嬰兒對Alexa問的任何問題都說「對」，包含買東西的確認），有一部分是系統的缺陷（例如最近發生Alexa把一對夫婦的對話錄音傳送給隨機選取的聯絡人），其他還有很多是惡意又聰明的（例如去年有一家賭場被駭客從水族箱的連線溫度計入侵系統，竊取闊綽賭客的資料）。

好消息是，我們很可能有辦法採取一些措施來提升連線裝置和DIY物聯網配置的安全性。在後面幾頁，我們會介紹一種能找出未修補連網裝置的專用搜尋引擎（記得：要常更新！）、研究家中物聯網配置的最佳實作，並討論各大公司所推動的一些提升數位生活隱私及安全的計畫。我們也將引導你使用一種有趣、快速的遠端機器人系統，並利用IFTTT來著手進行智慧無線專題。

擁抱連線生活吧，但別忘了長智慧。

Created by Freepik

Make: 21

吉爾・歐果 Jill Ogle
離開迪士尼互動工作室優渥的遊戲設計師工作後，陷入對製作網路控制機器人的熱愛，並建立了所有人都能玩的遠端遙控機器人平臺── LetsRobot.tv。

遠端玩樂
REMOTE CONTROL
Let's Robot讓任何人都能遠端遙控機器人　文：吉爾・歐果　譯：Hannah

L et's Robot是一個能讓任何人在任何地方透過網路控制真實世界機器人的網站。機器人可在幾乎無延遲的情況下即時傳輸影音。你可以利用網站裡的聊天室和其他人聊天、分享經驗,或者透過聊天

Let's Robot 作品的標準零件及組裝方式

<CODE/>

WiFi

TTS

3D　RASPBERRY PI　MICRO CONTROLLER　CAMERA　MIC　SPEAKER　SOFTWARE　BODY　MOTOR　LED　SENSOR　BATTERY

Hep Svadja, Mark Taihei

室讓機器人與另一端的人類交談。

任何人都能在這裡展示自己的機器人。自我們去年開設網站以來,已經累積了超過700個自製機器人在網站上進行直播,這些機器人分別來自全球200多位創作者。

網站的操作介面可以根據每個機器人量身訂做,不管是簡單的輪式機器人或自由度高的多功能複雜機器人都適用。當網站繁忙時,會有一個即時動態投票系統,讓大家決定接下來要採取哪個即時動作。

每個機器人直播者(我們用此稱呼Let's Robot的直播者)都有一個可自行客製調整的頁面,告訴大家機器人的構造以及希望大家遵守的特別規定。若你想直播機器人,卻對機器人一竅不通,我們的商店有販售一些套件。目前這個網站仍處於初期原型,有許多問題尚待解決。

機器人上電視了

其中一名頗受歡迎的直播者號稱「機器皇后」(Roboempress),她的作品包含了凱姆(擁有法國口音的改良Turtlebot)、殺手爬蟲怪(專為戶外活動設計的超酷ATV機器人),還有PP加農砲(氣動式的高速乒乓球炮)。她還允許使用者在她工作時用乒乓球射她。

去年Tru TV的《克里斯‧格哈德秀》(The Chris Gethard Show)和我們聯繫,他們想做一集即時操控機器人的節目。我們請機器皇后為他們製作一個乒乓球炮機器人,同時做了幾個能在他們辦公室裡四處亂跑的小型機器人。最後,我們在時間內把所有東西寄到紐約,提供「科技要來毀滅人類了」這一集節目使用。發現當晚的節目來賓正是約翰‧奧利佛(John Oliver)時,我們實在是又驚

又喜。我們的網站在流量太大時會出點問題,但幸好在節目直播過程中,還是能對奧利佛先生發出幾次連續攻擊。節目裡還有一個鑼,如果鑼被擊中,所有燈光都會關閉。出乎意料的是,即便在許多用戶同時進行分享及投票控制機器人的情況下,大家還是能有條不紊地操作,為節目帶來很棒的搗亂效果。

連接專屬於你的機器人

如果你想動手打造自己的機器人,可以從這份說明出發:letsrobot.readme.io/docs/building-your-robot。機器人端的軟體是開源軟體,能在大部分Linux作業系統的電腦上運作。我們還提供API,讓你根據自己的需要客製化:letsrobot.readme.io/v1.0/reference。

大部分Let's Robot的自製機器人都使用以下零件:

- Raspberry Pi或其他單板電腦:最新的Raspberry Pi電路板有內建Wi-Fi功能,你只要把板子與自己的無線基地臺連接即可
- 已安裝Raspbian作業系統或NOOBS的SD卡:你可以按照教學指南取得我們的軟體並在機器人上運作,然後在以下網站進行配對:letsrobot.tv/setup
- 微控制器:例如Arduino。Adafruit馬達擴充板也很受歡迎
- 相機:充當眼睛
- 麥克風:當作耳朵收音
- 喇叭:讓機器人可以發聲講話
- 機身:用來支撐所有零件
- 馬達和伺服馬達:讓機器人四處移動
- LED和感測器:讓機器人變得更好玩
- 還有提供電力的電池

我們的軟體目前已支援許多裝置和機器人,包括GoPiGo Robot和Anki Cozmo。如果你有個很棒的機器人,卻放在架子上長灰塵,那麼這裡會是你與人分享的最佳所在!

如果你覺得太麻煩,我們也有販售一組名為「Telly Bot」的開發套件,該套件可搭配letsrobot.tv網站,開箱後即可使用。我們網路上見! ◢

這些令人驚豔的自製機器人

1. Trc202製作了一個除草機器人,還有另一個會玩PlayStation的機器人,你可以偶爾和他的貓玩玩。

2. Datadrian改裝了一輛舊電動車,變身海灘閒晃好夥伴。

3. 夾爪獸永遠不會睡著,就和它那不知疲累為何物的創作者麥奇一樣。

4. 萬歲寶貝是Twitch的實況盟友,使用者可以控制她瘋狂實驗室裡的機器人。

5. Dope250的機器人小車隊,分別是小馬、小丹機器人(如圖)和小黛機器人。

6. Opkillie做了這個奇形怪狀的木製機器人!

7. 用夜行動物的指尖陀螺機器人讓派對永不停歇。

8. 小心mbrumlow的蜘蛛機器人,它就出沒在你身邊。

9. 查德常帶著波丁頓去公園冒險!

10. 何塞喜歡與大塊頭機器人作伴,像這個妙妙機器人。

11. 大家一致認同吉爾的羅西機器人最可愛了。

12. 佛蘭姆是個快樂的機器人!由克蘭姆製作。

13. 肥肉丸製作了菲比小精靈機器人,你覺得如何?我們還在等待「菲比合唱團」出現!

14. Spoon的怪手機器人可以用爪子進行任何動作!

搜捕再利用

SEEK AND DEPLOY

駭客如何以Shodan搜尋引擎
找出並利用你的連網裝置

文：@blackroomsec　譯：Hannah

連 網裝置的世界日益茁壯，各式工具及裝置被駭客和機器人利用的故事也相應而生。然而，連網裝置被捕獲並加以利用的過程，故事中卻鮮少提及，其實，用來搜捕裝置的利器不止一種，其中較普遍的是Shodan。

Shodan是駭客獵尋裝置時慣用的搜尋引擎，我們用它尋找與網際網路相連以及有服務正使用開放連接埠的裝置，拜各種因素之賜，這些開放連接埠有可能被駭客操控而且不一定只有IP攝影機等IoT裝置才會成為目標；安全配置妥善的伺服器、電腦，甚至虛擬電腦都可能成為獵物。為了進行簡單的示範，接下來我會說明在Shodan上搜尋特定條件裝置的兩種方式，並解釋其背後的駭客思維。

例1：SLMail

第一步是找到服務有安全漏洞的裝置，我在Shodan上搜尋使用5.5.0.4433版SLMail郵件服務的裝置，這些裝置易受緩衝區溢位（Buffer Overflow）漏洞攻擊，如cvedetails.com/cve/CVE-2003-0264所述。CVE（常見漏洞披露，Common Vulnerabilities & Exposures）技術文件中對此資安漏洞有詳盡解釋，舉凡哪些版本的軟體會受影響，乃至描述新版本是否針對此資安問題做出修正，抑或提出其他緩解攻擊的方法都囊括在內，此外，文內也提到公開環境或Metasploit框架下所產生攻擊程式碼（exploit，利用漏洞來入侵目標系統的程式碼）是否能入侵目標裝置。

> Metasploit框架是一種駭客工具，可針對軟體漏洞產生相對的攻擊碼，同時內建掃描器，讓有心使用者搜尋裝置，查看這些裝置在特定情況或存在資安漏洞時的系統脆弱程度。

若使用者安裝的SLMail郵件服務為5.5.0.4433版，該版本的特定漏洞就會讓任何人都能從遠端攻擊伺服器，掌握控制權，彷彿他們才是管理者或超級使用者。

他們不必經過密碼驗證，也不需與受攻擊的電腦在同一網路上，僅只需在搜尋時鍵入「slmail」即可（圖 A）。

我已將易受攻擊的伺服器以紅色標註，由於這是個駭客圈裡人盡皆知的軟體漏洞，而且許多攻擊碼都是公開的，就算技術水準或對駭客所知不多的人都能攻擊這個漏洞並掌控系統，螢幕上有些資訊已被我修改，像是IP地址，有了這脆弱裝置的IP地址，駭客就可使用任何針對此漏洞的公開攻擊碼，並加以編輯，以適用於他們即將操作或攻擊的電腦狀況，接著再對遠端伺服器發出攻擊。

例2：Hikvision 海康威視攝影機

海康威視是許多常見的IP攝影機製造商，2017年9月，海康攝影機被曝光有與權限提升（Privilege-Escalation）相關的資安漏洞。更多資訊請見seclists.org/fulldisclosure/2017/Sep/23。

權限提升是指擴大或升級一個人當下的權限到更高權限，目的為變成管理者或超級使用者，因為該文章並未列出含有此後門程式的特定機型，駭客必須發揮創意，運用邏輯，試著找出哪些攝影機可能裝有後門程式。

作者提到，海康威視於2017年1月份起嘗試平息風波，後門程式也被裝置更新後的修補程式所移除，那麼我們就來搜尋「hikvision 2015」吧！因為那年的後門程式還在（圖 B）。

為了確認出現在搜尋結果中的攝影機是否為易受攻擊的特定攝影機，我們必須用文章中提到的URL存取攝影機IP位址（請用實際IP取代IPADDRESS）：

IPADDRESS/Security/
users?auth=YWRtaW46MTEK

假如該裝置有安全漏洞，裝置就會顯示一連串的使用者名單，而這不是後門程式的唯一功能，讀完文章便可得知其他可能性。

修補軟體

公開環境中的裝置其軟體若未經修補是很危險的，這會給駭客一種該停下來看看是否有機可乘的感覺，勾起駭客的入侵念頭。這也表示操作這些裝置的人並沒有

主動更新裝置的習慣，也很有可能他們並沒有意識到該這麼做，依此推論，我們可以使用檢索語法「net:」（譬如：net:"IPADDRESS.0/24"）再搭配適當的CIDR（無類別網域間路由，Classless Inter-Domain Routing）來搜尋他們的網路，看看資料庫中是否有其他裝置同樣容易受到其他類型的攻擊。

許多IoT裝置以及公開的伺服器都有資安漏洞，儘管此議題極受媒體關注，這些漏洞仍然未經修補，裝置依舊無法防堵未經授權的存取。

特定搜尋

Shodan這款搜尋工具極其強大，有許多檢索語法可供使用，這些語法讓搜尋結果與你所想的更為一致，我想，應該會有人有興趣將此功能作進一步應用。

@blackroomsec
是名白帽駭客，同時也是來自紐約的滲透測試專家，她的部落格經營目標是教導並鼓勵新學習者「當駭客不是一種嗜好，而是一種生活方式」。

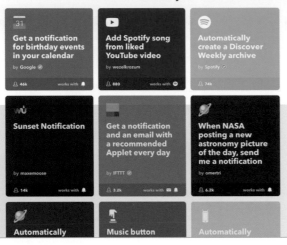

IF THIS THEN THAT

直擊IFTTT自動化
開始用IFTTT雲端服務串連各項網路服務及硬體裝置
文：貝琪‧史登　譯：Hannah

如果明天會下雨，就點亮傘架；如果Fitbit智慧手錶發現我起床了，就開始煮咖啡；如果我的貓經過貓咪門，就把日期時間登記在Google表單上。

如果發生這件事的話（If This）就做那件事（Then That），這就是所謂的IFTTT，IFTTT提供服務介面以整合各種網路服務和智慧裝置，其實這些服務和裝置都有各自的應用程式介面（API），訂定軟體程式間如何溝通與互動。高階軟體開發人員也許有能力用一個週末的時間，為自己的DIY電子專題打造網路介面，但對其他人來說，IFTTT就是API閘道器，可處理大量重要的程式碼，讓各專題裝置間相互連接，進行複雜的溝通互動。

IFTTT 的優點

該平臺把重點放在服務對服務，譬如在你離開家門和回家時更新手機音量設置，或是自動將你的Instagram照片發布到推特，抑或將你的Spotify和SoundCloud同步。有時這些由智慧平臺觸發的動作就是如此不著痕跡，讓你忘記它們的存在。

除了將你的裝置及Web服務自動化，該平臺還提供記錄數據的服務；此外，最近幾年IFTTT上的商用物聯網裝置數量快速成長，除了你的Philips Hue智慧照明和WeMo裝置，現在還可以連接Google或Amazon虛擬助理、你的奇異、LG、惠而浦產品，或者三星洗衣機、烘乾機、洗碗機和冰箱，智慧百葉窗、恆溫器和你的車，都可以連網。本文撰寫時，IFTTT還只有八項用於園藝的服務。

對DIY愛好者來說，IFTTT讓電子專題裡的裝置可輕鬆透過電子郵件或簡訊發送訊息給你，譬如通知你熱水器漏水了，你也可以設計類似的專題，像是從網路上接收數據，搭設自己的氣象臺。

在我的研究生設計課程中，學生可以用15週的時間使用Arduino和IFTTT製作自己設計的產品原型。大多數學生先前都沒有接觸電子零件或程式編寫的經驗，但期末時，他們精巧的原型設計及裝置互動總是能令我驚艷。

如何使用 IFTTT

請至IFTTT.com點選「註冊」，創建一個帳號，完成後，若你有iOS或Android系統的裝置，請安裝IFTTT App（圖Ⓐ），強烈建議使用雙因素身分驗證，因為接下來你會將此個人帳戶與Twitter、Amazon Alexa、Nest和你的E-mail連結，請設定一組獨特的密碼，並啟用雙因素身分驗證，藉由SMS簡訊服務確認帳戶登入，以確保你的帳戶免受駭客和垃圾郵件攻擊。

以下是該平臺的使用方式：

1. 將你的帳戶與你常用的服務連接，IFTTT就能透過API存取你的帳戶。

2. 在你已連線的裝置和服務上實驗幾個常見的指令，讓自己熟悉小型應用程式的建立過程，以利日後整合硬體裝置及製作專題。

3. 腦力激盪一下，列出專題構想（圖Ⓑ），再加以分類。此電路是用來觸發網路動作，抑或是用來顯示網頁上的資訊，還是兩者都是呢？一開始，你可以先做「偵測到實體輸入後便發送觸發信號給網路」的專題，這比較容易，之後再增加更多功能。

> **訣竅：** 別犯了常見的錯誤，因貪多而超出自己所能控制的範圍。結合各項裝置或元件前請先測試功能，完成後再開發硬體專題。

貝琪・史登 的 Wi-Fi 天氣顯示器
instructables.com/id/WiFi-Weather-Display-With-ESP8266

A

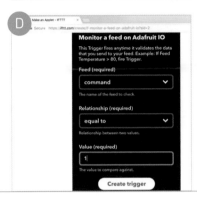
B

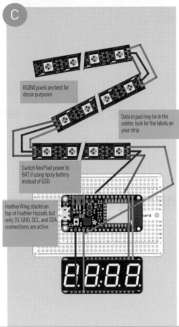
C

RGBW pixels are best for decor purposes

Data in pad may be in the center, look for the labels on your strip

Switch NeoPixel power to BAT if using lipoly battery instead of USB

FeatherWing stacks on top of Feather Huzzah, but only 3V, GND, SCL, and SDA connections are active

D

Make an Applet - IFTTT

Secure https://ifttt.com/create/if-monitor-a-feed-on-adafruit-ioT&b-2

Monitor a feed on Adafruit IO

This Trigger fires anytime it validates the data that you send to your feed. Example: If Feed Temperature > 80, fire Trigger.

Feed (required)

command ⌄

The name of the feed to check.

Relationship (required)

equal to ⌄

Relationship between two values.

Value (required)

1

The value to compare against.

Create trigger

---

4. 選一些可連接網路的硬體裝置製作你的第一個專題。假如你已經會用 Arduino 了，可以考慮使用 ESP8266 或 ESP32 晶片的開發板，像是 NodeMCU 或是 Adafruit Huzzah，或者選擇從 Raspberry Pi 著手。IFTTT 對 Particle、littleBits、Seeed 裝置有提供特別支援，也支援一些「單一按鈕」的裝置，若你看過 IFTTT 網站上的擴增服務項目就能找到。

5. 畫出電路圖，標示主控制器與輸出（LED、七段顯示器等）及輸入（感測器）裝置間的連接情形（圖**C**）。

6. 透過可直接連網的 Wi-Fi 與外部網路連線（學校／企業網路採用的網頁認證入口）。

7. 設定硬體裝置。根據你使用的裝置，可能需要安裝額外的軟體和／或函式庫，或者註冊額外的雲端資料服務，像是 adafruit.io、Particle 和 Amazon Web Services（AWS）雲端運算服務。這些網站服務與你的硬體裝置專題程式結合，以利讀取資料並將數值寫入你客製的資料格式。接著，IFTTT 應用程式的雲端服務可接收客製化資料，和其他網站加以整合（圖**D**）。

現在一切就緒，你可以開始寫 IFTTT 指令讓你的 IoT 專題遵照你的指示動作。⚫

[+] 想知道更多 IFTTT 應用於 DIY 電子零件專題的資訊，請參閱我在 Instructables 上的免費物聯網課程，課程裡用的是 Arduino、ESP8266、adafruit.io 和 IFTTT 平臺。instructables.com/class/Internet-of-Things-Class

---

又快又好用的原型介紹

以下是幾個學生製作的專題，希望可以激發你的創造力，同時示範用 IFTTT 快速製作原型的威力，所有內容都在 Instructables 網站上：instructables.com/id/Making-Studio-at-SVA-PoD

① 卡莉・賽門（Carly Simmon）的社交管理員追蹤你有多常發訊息給你親愛的朋友和家人，並用 LED 燈提醒你和那些互動較少的人保持聯繫。instructables.com/id/Social-Circle-Relationship-Manager

② 威爾・克蘭姆（Will Crum）希望自己家不會因垃圾桶而破壞和諧，所以他打造了智慧型垃圾桶感測器，目的為偵測阿摩尼亞量，並藉此提示他和女朋友該清垃圾了，這個方法比起仰賴鼻子較靈敏的家庭成員更為有效。instructables.com/id/DIY-Smart-Litter-Box-Sensor

③ 利亞・邦達利（Rhea Bhandari）的生氣阿姨專題有停止拖延的功能，你一踏進家中，它就會馬上撥電話提醒你直接去寫功課，不讓你有任何往沙發倒頭就睡的機會，除了自動發送訊息，它也會發送訊息聯絡你現實生活中真的會為此生氣的阿姨，請她督促你一番。instructables.com/id/Angry-Aunty-Comes-to-the-Rescue

④ 史母路堤・阿迪亞（Smruti Adya）的母親不管身在何方，總愛問她：「你在哪裡？吃飯了嗎？」為了應付自己在紐約大學忙碌的研究生生活，Smruti 為媽媽打造了一個所在地及進食狀況鐘，這個鐘會追蹤手機，顯示她是否在學校、在家或「其他」地方，並用 LED 燈秀出她的進食狀況，這麼一來，媽媽便能放心休息，而 Smruti 也能保有自己該有的空間。instructables.com/id/Location-and-Food-Clock

⑤ 約翰・科爾恩（Josh Corn）打造了 **Blüp** 泡泡通知機，這是個與空氣泵連接的玻璃圓柱，它會釋出氣泡，在液體中（洗手乳）緩緩向上移動，悄悄地吸引你注意。「這個裝置不僅告知你已為某件事下了決定，還會用泡泡上升的時間營造緊迫氛圍。」instructables.com/id/Blüp-the-Bubble-Notifier

Becky Stern, Carly Simmons, Will Crum, Rhea Bhandari, Smruti Adya, Josh Corn

IoT防駭大升級
LOCK IT DOWN
用這些**訣竅**守護IoT專題安全

文：東尼·迪可拉、布萊恩·洛夫　譯：Hannah

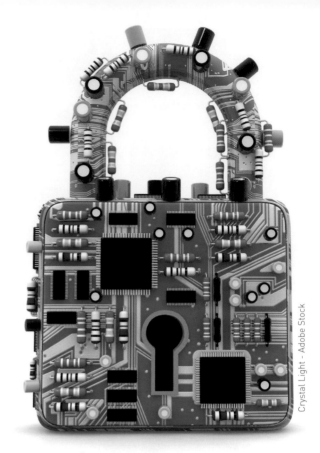

Crystal Light - Adobe Stock

適用樹莓派/Linux 系統控制板的訣竅

1.更改預設的使用者密碼

所有Raspbian作業系統在安裝上都會使用相同的預設使用者帳號與密碼。攻擊者在採取更精密的攻擊前，會先用一些較常見的密碼試著駭入系統。請使用**passwd**指令為自己設定一個既獨特又高強度的新密碼來防止駭客。

2.停用SSH密碼登錄功能

請改用安全金鑰登入電路板。金鑰只能從允許的電腦進行存取，且使用縝密的加密方式，讓有心人士難以猜測並破解。更棒的是，只要你設定使用金鑰登入，就不用再記密碼了！

3.作業系統保持最新版本

因為攻擊者還是會從漏洞和程式錯誤下手。勤用**apt-get upgrade**指令，來用安全性修補程式更新電路板的作業系統至最新狀態。

4.建立防火牆

你的IoT裝置可能沒有使用所有Pi作業系統提供的服務，像是網頁伺服器、郵件伺服器或其他項目。請使用**ufw**工具來為板子啟動防火牆。將所有預設服務關閉，再將專題所需的服務開啟即可。

5.查閱Linux系統安全的最佳防護實踐

DigitalOcean提供了相關說明，如「Linux VPS安全防護介紹」和「保護Linux伺服器的7種安全措施」。這些使用指南介紹了**fail2ban**和**tripwire**等工具，他們可以進一步偵測入侵並阻止攻擊者。

適用所有IoT裝置的訣竅

1.變更預設密碼

密碼是網路裝置的頭號漏洞。連你的路由器、IP網路攝影機、網路印表機都是如此。如果你可以在網路上查到密碼，別人也一定做得到！

2.使韌體／軟體保持最新版本

這麼做可避免受已知安全漏洞的影響。

3.停用不需要的服務和協定

如果你的裝置沒有在使用SSH、RDP或FTP等協定，就應該停用。任何能連接裝置的方式都是潛在的安全漏洞。

4.僅在網路暴露必要資訊

路由器防火牆應該會封鎖對內部網路上所有裝置的存取行為，除非你自己更改設定。可能你已在路由器上設定通訊埠轉發（Port Forwarding）以存取內部網路的內容，但最重要的是，只能對信任的裝置啟用允許存取的設定。

5.使用VPN

虛擬私人網路（VPN）就像打造一條連到家用網路的安全通道，此通道不會公開暴露於網路。你在世界各地都能透過私人筆電或手機，安全連接至你的裝置。

6.隱匿不代表安全！

沒有公開分享存取裝置的連結，並不代表其他人就無法存取。現在有殭屍電腦（Bot）掃描網路，尋找可下手的裝置。任何公開在網路上的裝置都應該進行認證。如果可以，請啟用需要密碼登入的網路介面。

7.使用訪客網路

請在你的路由器上為你的物聯網裝置設定訪客網路。這樣一來，即便你的其中一個裝置安全遭受破壞，主要網路依舊能保持安全。

8.使用第三方訊息代理程式

例如Adafruit.io或甚至是Telegram messenger。會是與裝置溝通更安全的方式。 ✐

布萊恩·洛夫
Brian Lough
遇見ESP8266晶片，因此加入Arduino開發部門擔任軟體開發工程師。

東尼·迪可拉
Tony DiCola
軟體工程師，擅長領域有雲端服務和Arduino、Raspberry Pi和MicroPython等嵌入式系統。

[+] 在makezine.com.tw/top-tips-to-tighten-security-on-your-homebrew-iot-projects可以找到更多訣竅與前往安全性相關資源的超連結。

Make:
littleBits 快速上手指南

Getting Started with littleBits：
Prototyping and Inventing with
Modular Electronics

艾雅‧貝蒂爾 Ayah Bdeir
麥特‧理查森 Matt Richardson

江惟真 譯

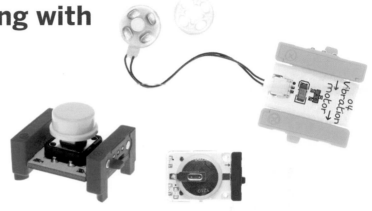

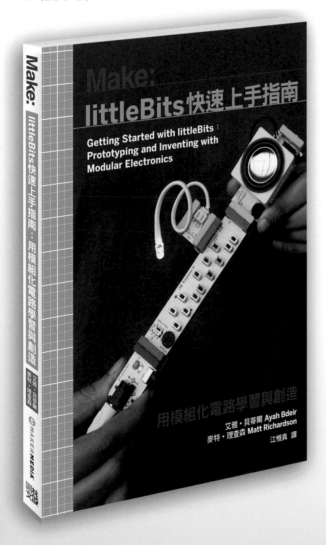

用模組化電路學習與創造

讀完本書，你將能夠：

>>做出有機器夾臂的遙控車。

>>做出能和自製模組化樂器一起組樂團的類比合成器。

>>做出以邏輯偵測周圍牆壁，還能導航的機器人。

>>用雲端電子積木（cloudBit）做出走到哪、愛到哪的電子情人。

>>做出以Arduino為核心模組的客製化滑鼠或遊戲控制器。

>>做出屬於你自己的電子積木——運用littleBits硬體開發套件。

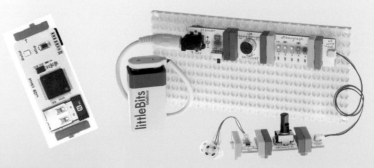

誠品、金石堂、博客來及各大書店均售 | 訂價：360元

馥林文化 www.fullon.com.tw f 《馥林文化讀書俱樂部》 Q

馥林文化
露天購物廣場

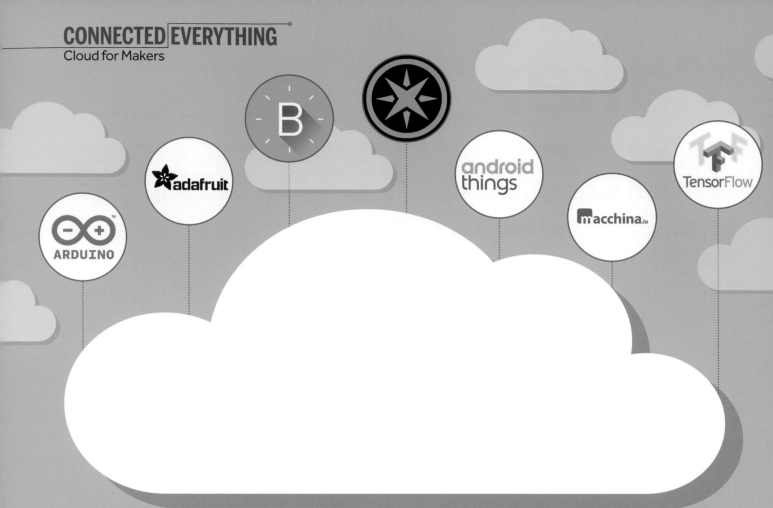

文：赫普·斯瓦迪雅　譯：Hannah

AT YOUR SERVICE

隨侍在側的雲端服務 利用各種自造者友善空間將IoT專題放上網路

萬物互連的世界正快速成長，順應IoT Maker的需求，不同的雲端服務如雨後春筍般相繼湧現，依據你偏好的開發環境和程式語言，有各式各樣的服務任君挑選，以因應各種IoT裝置的需求。這些服務大多包含REST API，可輕鬆控制硬體或與硬體溝通，有些服務還可存取用來打造自己應用程式的SDK（Software Development Kit，軟體開發套件），以便互動、顯示及解譯你的資料。

Arduino 雲端服務

cloud.arduino.cc

　　許多Maker不知道Arduino的線上開發環境也可與一些雲端服務相連，這項功能讓你能開發自己的程式碼，設定雲端互動，同時找尋以雲端為主的資料庫，Arduino雲端服務專門設計用來能與IoT友善的

Arduino系列開發板無縫協同運作，像是MKR1000。其設定方式也相當直覺，你可以藉此將連網裝置連結存取你所需的雲端資料庫或服務。此外還有在雲端寫樹莓派和BeagleBone程式的額外功能。

Adafruit 雲端服務

io.adafruit.com

　　Adafruit雲端服務搭配他們一貫簡單明瞭的教學步驟，提供使用者友善的UI體驗以及各式各樣有趣的範例。Adafruit.io是IoT Maker新手的好選擇，但其功能之強大亦足以因應更深的使用者所需，在任

赫普·斯瓦迪雅
Hep Svadja
是《MAKE》雜誌攝影師及照片編輯，閒暇時化身為太空愛好者、金屬創作家和哥吉拉迷妹。

何使用HTTP的程式語言環境中，可透過REST API與服務來進行存取，這代表你可以用自己熟悉的語言編寫程式。

Blynk

blynk.cc

　　Blynk是一種IoT物聯網服務，你可以在手機上透過Blynk與裝置互動，無須再編寫自己的原生應用程式（Native App），透過大量可支援的元件，Blynk能發揮硬體無關性(Hardware Agnostic)的效益，能，即使你的開發板較特別，沒在Blynk的支援元件列表清單中，仍有各式各樣可提供存取的擴充板可使用。Blynk Code Builder讓你輕鬆編寫出程式碼(Sketch)，或者你也可以透過安裝Blynk函式庫使用Arduino IDE開發工具。

Particle Device Cloud 服務

particle.io/products/software/device-cloud

這個資料閘道器 Device Cloud 裝置雲端服務對已投資 Particle 平臺的人而言極具吸引力。有些人需在 Wi-Fi 不強或者網路覆蓋範圍有限的地區部署裝置，Particle 平臺新增的 Mesh 網狀網路技術，讓此雲端服成為引人注目的選項。Device Cloud 有桌面及網頁 IDE 兩種存取模式，搭配網頁及手機 APP 開發專用的軟體開發套件，再加上 REST API，便可讓該服務與開發板輕鬆互動。

Android Things 平臺

developers.google.com/iot

你可以透過 Android Things 平臺將你的物聯網裝置與機器學習資料平臺，以及 Google 智慧助理等 Google 工具相連。該平臺支援各種單板電腦如樹莓派開發板，也支援系統晶片模組，譬如高通（Qualcomm）的 SDA624。此外，假如你想支援的設備超過數百種，Android Things 也可擴展其規模。

Macchina 平臺

macchina.io

Macchina 是個強大的開發平臺，一直被視為專業 Maker 導向之嵌入式系統的另一高水準選項。新型或傳統程式庫都適用，讓你能進一步善用 JavaScript 和 C++ 的強大功能，無需另外撰寫連結碼。最酷的是，各種應用程式皆可運用容器（Container）技術，如此一來便能在安全的框架下輕鬆部署及管理第三方應用程式。開發人員可選擇免費的開源帳號或註冊商用帳號，註冊商用帳戶價格可能頗為昂貴，但如果你想部署至實際生產線上的話，這會是個不錯的選擇，因為該平臺強大到足以應付各種部署需求。

TensorFlow Lite

tensorflow.org

TensorFlow Lite 專為深度神經網路模型所設計，比起原始的 TensorFlow，它採用較小的二進位檔，依賴性較低，並降低對小型晶片的記憶體負載。TensorFlow Lite 讓你能透過 Android 神經網路 API 來啟動硬體加速器，而神經網路 API 是專為行動裝置上運算密集型機器學習操作而設計。在滿足高階使用者開發需求的同時，TensorFlow 也為想從機器學習基礎知識開始入門的使用者提供大量的學習素材，以利使用者學習機器學習相關的基礎知識，另外也有更加詳盡的教程，加深你的 AI 知識及技能。🔄

別碰我的雲
個人隱私保護到家

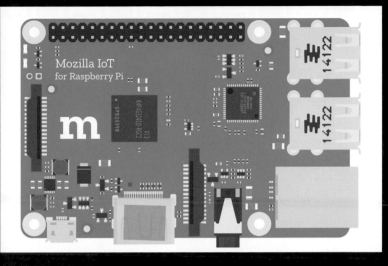

物聯網架構

iot.mozilla.org

Things Gateway 是一款搭配樹莓派安裝的聰明家用集線器（Hub），讓你可以透過網頁直接監控家中一切，而無須經過中介者。它可以搭配各種品牌的家用智慧裝置運作，使用各種不同的通訊協定，並以網頁做為共用層與彼此溝通。此閘道器主機包含整合所有裝置的網路介面，將裝置如同家中平面圖般展開，建立 IFTTT 式邏輯使其自動化，甚至能使用語音控制。上述一切都在你所在地的網路上運行，你的個人資料會預設保存在家中，即使沒有連接網路，系統還是能在本地端持續運作。

——拉爾斯・約翰

Snips

makers.snips.ai

Snips 是一間 AI 語音助理公司，他們大力著眼於解決某些公司會「竊聽」你家的問題，該公司剛推出一款運行在樹莓派上的好用 Maker 套件。它的設計讓整體運作範圍僅止於裝置內部，可顧及隱私，這意味著你不用連上網路就能控制 Sonos 無線揚聲器、Hue 智慧型燈泡或其他裝置，而且這些資料永遠不會離開你家門一步。

——史提夫・譚

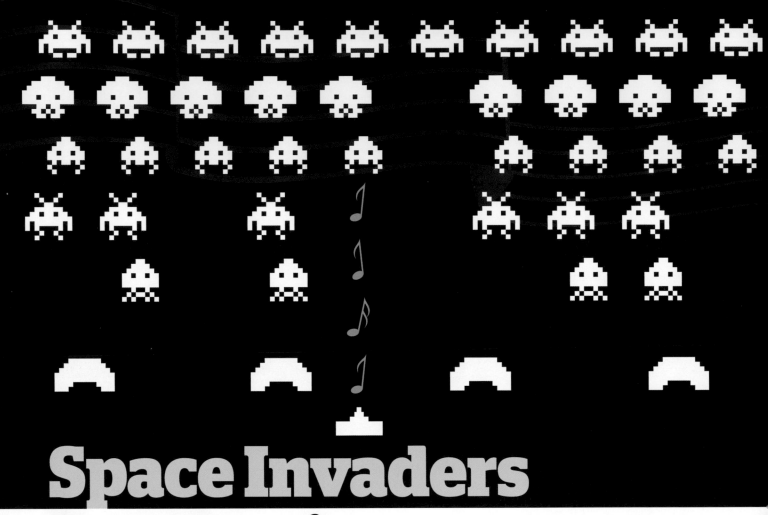

Space Invaders
Synthesizer 太空侵略者音效合成器

解密1978年遊戲機臺原始音效晶片，創造未來經典新聲音

文：查爾斯·普拉特
譯：Hannah

查爾斯·普拉特 Charles Platt
為《圖解電子實驗專題製作》（Make: Electronics）一書作者，書中為各年齡層讀者簡介電子學相關知識，還有續編《圖解電子實驗進階篇》（Make: More Electronics）及共3冊的《電子元件百科全書》（Encyclopedia of Electronic Components），新書《Make: Tools》現已上市。makershed.com/platt

40 年前，SN76477晶片誕生了，這是一款由德州儀器公司設計的傳奇晶片，該晶片可為大型遊戲機臺製造音效，假如你玩過太空侵略者，那你一定聽過SN76477發出的聲音，晶片樣品如圖Ⓐ所示。

在早期，控制晶片這件事對業餘人士來說是個挑戰，你可以用旋鈕開關和按鈕（如後文所建議）控制晶片，但假如你是個有野心的人，也許會想讓晶片在Apple II個人電腦卡帶埠上動作。……好吧，也可能你不這麼想。

現在，一切都變得容易許多，因為SN76477有很多功能是透過邏輯輸入設定的，你只需用Arduino或任何其他5V微控制器發送高、低位準訊號，訊號排序後就能發出步槍射擊聲、汽笛聲或蒸汽火車頭發出的噴氣聲，甚至還能演奏一首情感豐富的搖籃曲，更棒的是，遊戲機臺的復古氛圍也在這些音效中瀰漫。

雖然SN76477晶片已老舊過時，你還是可以在eBay上找到好幾個供應商，以15美元左右的價格購得。請使用9V電池供電，晶片內建的電壓調節器可將電源轉換為5V，再以5V輸出（最大10mA），此電壓值可作為邏輯電壓輸入。

晶片發出的聲音必須經過放大，製造商建議使用幾個電晶體來放大訊號。我發現

Juliann Brown, Charles Platt

時間：
4～5小時

難度：
中等

成本：
20～40美元

材料

» SN76477 晶片聲音產生器 IC 晶片 eBay 上
價格約 15 美元
» 無焊麵包板（3）
» 電容：100pF（1）、150pF（1）、300pF（1）、
500pF（2）、1nF（1）、10nF（1）、22nF
（1）、50nF（2）、68nF（1）、100nF（2）、
220nF（1）、470nF（3）、1μF（3）、10μF
（4）和 50μF
» 電阻：100Ω（1）、7.5kΩ（6）、22kΩ（1）、
47kΩ（3）、50kΩ（2）、100kΩ（2）、
220kΩ（1）、330kΩ（1）、1MΩ（1）和
10MΩ（1）
» 可變電阻：50kΩ（2）和 1MΩ（6）
» 開關，SPST（單軸單切）（9）、SPST 瞬時
按鈕開關（1）、SPDT（單刀雙擲）（7）、5 切
旋鈕（7）
» 電晶體，NPN，2N3904
» 揚聲器，8Ω
» 各色跳線
» 電池，9V
» 9V 電池扣 含鉛片
»

工具

» 剝線鉗／斜口鉗，自製跳線需用

A SN76477 晶片，40 年來發聲始終如一

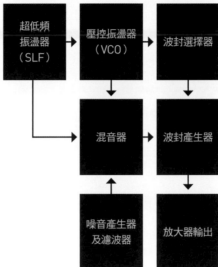

B 音效晶片內部特性簡單示意圖。

只要一個 2N3904 即可發揮作用。

描述晶片工作特性的原始文件掃描檔一直由 Experimentalists Anonymous 妥善保存，請見 experimentalistsanonymous.com/diy/Datasheets/SN76477.pdf。 使用 SN76477 晶片前你應該先下載一份。仔細研讀這篇對後人影響深遠的文件後，我得知晶片內部有三個聲源，晶片合成各聲源後再發出聲音，如圖 **B** 所示。壓控振盪器（VCO）發出的聲調會隨電壓改變音高，還有一個超低頻振盪器（SLF）可控制 VCO，發出刺耳的嗚─嗚（whoop-whoop）或咿喔─咿喔─咿喔（weoo-weoo-weoo） 聲響，1980 年代遊戲機臺玩家的懷舊情思也將在這些音效中油然而生。另外，噪音產生器會發出白噪聲，模擬爆炸聲時會非常有用。

混音器可調合任兩個或三個聲源，而波封產生器可用來修改鳥叫聲等單脈衝聲響的起音（Attack）或衰減（Decay）值。

混音器透過加總以混合聲音，假如你想在各種聲音齊發時聽到各種聲音之間的區別（例如核彈爆炸時的鳥叫聲），你必須以 50 kHz 左右的頻率交替轉換混音器輸入，這部分可透過 555 計時器和多工器完成。

所有聲音屬性皆可透過外接的電阻和電容調整，假如你偏好選用微控制器而非旋鈕開關來搭配電容，你會需要更多的多工器，我不想在此深入這個主題，但假如你有我寫的《圖解電子實驗進階篇》這本書，書中有更多關於多工器的詳細解說。電路圖中任何有電位計的地方，你都可以考慮使用數位電位計，因為數位電位計是專為微控制器設計的。

圖 **C** 是個測試電路，這是我參考晶片剛推出時，德州儀器提供的某個相當有用

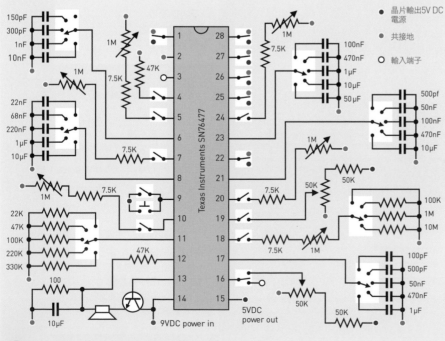

C 源自德州儀器電路示意圖的測試電路。

的電路圖版本所繪製而成,電路本身並沒有看起來那麼複雜,為了將電路配在麵包板上,我將三塊單一匯流排電路板併排使用,如圖 D 所示,圖中我用可移動的跳線取代旋轉開關。你可以剪下圖 E 中的標籤黏在晶片上,以便查看針腳編號。

所以,若你覺得要在「一閃一閃亮晶晶」這首電子琴歌演奏時加入車子撞擊聲是件苦差事,並且一再拖延,現在你沒有藉口了,因為 SN76477 晶片都辦得到。

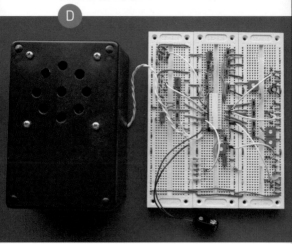

使用三個麵包板是配製大量電容及電阻最簡單的方式

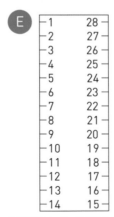

1	28
2	27
3	26
4	25
5	24
6	23
7	22
8	21
9	20
10	19
11	18
12	17
13	16
14	15

你可以影印一份,把標籤貼在晶片上以便查看針腳編號

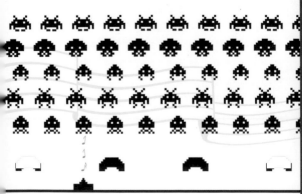

SN76477晶片針腳功能和元件值

圖 C 中,我保留德州儀器建議的大部分元件初始值,但你可以改成其他數值相近的標準值,切換式電容是用來為每個主要特性建立範圍值,而電位計可在每一個範圍內進行調整。

1. 邏輯輸入,與針腳28搭配以應用聲音波封。
2. 負極接地。
3. 提供噪音產生器(可選用)使用的外部時脈輸入,最大電壓為10V。
4. 關閉開關以啟用內部噪音時脈,47K電阻可增加到100K,以獲得更低頻的噪音。
5. 低通濾波器調整。
6. 低通濾波器調整範圍。
7. 衰減啟動開關與調整。可決定應用在針腳8的起音/衰減電容的放電時間,打開開關會瞬間無聲(無衰減時間)。
8. 起音/衰減範圍。
9. 邏輯輸入,高邏輯位準禁止聲音輸出,低邏輯位準(或打開開關)則啟動聲音,用按鈕轉換位準 高低可觸發單脈衝功能,若發出聲音期間輸入值變高,聲音將被中斷,進行波封選擇的針腳1必須為高位準,針腳28必須為低位準,才能觸發單脈衝動作。
10. 起音啟動開關與調整。可決定應用在針腳8的起音/衰減電容的充電時間,打開開關會瞬間有聲音(無起音時間)。
11. 音頻輸出音量。
12. 來自放大器輸出的反饋。
13. 放大器輸出連接至電晶體基極。
14. 9V電源輸入端,同時為電晶體集極供電。
15. 若針腳14未連接,則為5V直流電源輸入端,若9V直流電源與針腳14連接,則為5V直流電源輸出端。
16. 外部VCO輸入或內部VCO調整,外部電源的最大範圍值為0V至2.35V,超出此範圍會使音頻輸出飽和,導致失真。
17. VCO範圍。
18. VCO啟動開關及調整。
19. 透過VCO輸出的脈衝寬度調變調整音高,保持開關開啟可使VCO佔空比(duty cycle)達50%。
20. 超低頻振盪器啟動開關及調整。
21. 超低頻振盪器範圍。
22. 邏輯輸入,高邏輯位準透過內部電容控制VCO,低邏輯位準透過針腳16選取外部控制信號。
23. 單脈衝持續時間範圍。
24. 單脈衝持續時間調整。

25. 邏輯輸入,高邏輯位準時選擇混音器B。
26. 邏輯輸入,高邏輯位準時選擇混音器A。
27. 邏輯輸入,高邏輯位準時選擇混音器C。
28. 邏輯輸入,與針腳1搭配以應用聲音波封。

結合針腳25、26和27的邏輯狀態以擇定混音器的輸入,如圖 F 所示。

結合針腳1和28的邏輯狀態以擇定聲音波封的應用,如圖 G 所示,舉例來說,假如針腳1為低位準,針腳28為高位準,混音器輸出信號將連續送至放大器,無任何封波套用其中。

F

針腳狀態			混音器輸出
Pin 25	Pin 26	Pin 27	
○	○	○	V
○	●	○	S
●	○	○	N
○	○	●	V+N
●	○	●	S+N
○	●	●	V+S+N
●	●	○	V+S
●	●	●	Inhibit

● 低邏輯位準　　● 高邏輯位準

V=壓控振盪器
S=超低頻振盪器
N=噪音產生器

混合聲源是由針腳 25、26 和 27 的邏輯狀態所控制

G

針腳狀態		波封應用
Pin 1	Pin 28	
○	○	V
○	●	Continuous
●	○	One-shot
●	●	Alternating

● 低邏輯位準　　● 高邏輯位準

V=壓控振盪器
Continuous=無波封
One-shot=由pin9觸發
Alternating=由壓控振盪器所套用的交流聲響週期

為你的聲音設定波封(譬如起音、延持和衰減)後,你可以設置針腳 1 和 28 的邏輯狀態來決定如何套用波封

Charles Platt

Powerslide

文：喬伊・拉米雷斯　譯：Hannah

滑板電吉他

用你最喜歡的滑板打造鋼棒吉他

時間：
2～4小時

難度：
中等

成本：
50～100美元

材料
» 滑板 不一定要全新的，但如果是用過的，請確認板子夠堅硬
» 吉他琴橋
» 吉他上弦枕（nut）
» 調音器（6）
» 拾音器，搭配旋鈕和輸入孔接頭
» 琴衍量測資料
» 木螺絲（5），吉他琴橋及上弦枕用
» 以下材料隨上述零件而異：
» 不鏽鋼墊圈，1/8"×1" (2)
» 不鏽鋼機械螺絲，#6-32×1"(2) 切削成需用長度

工具
» 電鑽或鑽床
» 鑽頭
» 鏟形鑽、圓孔鑽或鋸孔器
» 鑿子
» 鎚子
» 螺絲起子
» 打孔器或釘子
» 直尺或捲尺
» 油漆膠帶
» 可擦式麥克筆或蠟筆 以便擦掉你做的記號

喬伊・拉米雷斯
Joey Ramirez
是出生於德州的音樂家，同時也是位工匠，從創造小玩意兒中獲得樂趣。

     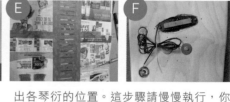

Joey Ramirez

開始製作前，我並沒有十足把握。我在網路上看過類似的滑板吉他，但找不到製作過程。我不是吉他製琴師，因此非常歡迎大家提出建議。詳細內容請參閱：instructables.com/id/Lap-Slide-Guitar-Skate-Board。

1. 安裝調音器
選擇板子其中一端安裝調音器，測量並標記預計鑽洞的位置，接著鑽出大小適當的孔洞。我懶得把鑽床拿出來用，所以洞的周圍有點缺口，接下來請安裝調音器（圖 Ⓐ）。

2. 安裝琴橋
在你想安裝琴橋的地方做記號（我第一次鑽洞時搞砸了，於是我用貼紙把鑽錯的洞蓋住），我用其中兩個洞安裝（靠後面的），並放入兩個墊圈加固（圖 Ⓑ），請把螺栓切成適當的長度，才不會從板子後突出戳到你的腿。

3. 安裝螺絲帽
在距離琴橋末端量20 1/2英寸處要鑽洞的地方做記號，洞鑽好後鎖上螺帽（圖 Ⓒ）。

4. 切割安裝拾音器的孔洞
在你想安裝拾音器的地方做記號，記號四周用油漆膠帶貼起來，避免切割時刮傷板子。我用線鋸來做切割，轉彎處弧度較大的部分則用「螺旋」（scroll）線鋸條處理（圖 Ⓓ），這裡請先不要裝上拾音器。

5. 畫上指板
請用Instructables上提供的PDF檔繪製指板，量好位置後，用油漆膠帶在你還沒安裝琴衍（fret）的吉他上，標記出各琴衍的位置。這步驟請慢慢執行，你可以用一張檢查表來註記哪個琴衍已經畫好了。貼好膠帶後，把板子其餘部分遮蓋好，才不會被噴漆噴到（圖 Ⓔ），接下來開始噴漆。我噴了一層。請等待30分鐘再小心撕下油漆膠帶。

6.、安裝拾音器
在你想安裝旋鈕的地方做記號，用Forstner鑽頭（圓孔鑽）或鏟形鑽（spade drill）鑽掉一些木頭，我鑽過板子約一半，在安裝旋鈕螺帽的那一側攻螺紋，以利螺栓旋入。接著，用鑿子鑿去一些木頭，以容納旋鈕凸出的部分，但你也可以把洞鑽大一點作為替代，接著鎖上旋鈕和拾音器，一切便大功告成（圖 Ⓕ）。現在你的吉他可以安裝琴弦囉！

Synthetic Sounds

文：DJ Hard Rich
譯：Hannah

電子音樂隨手玩 花小錢打造小型滑桿合成器與機械鼓

以下介紹兩款我設計的可攜式電子樂器，製作費用約15～20美元。首先是合成器（圖Ⓐ），這是個單聲道數位合成器，用姆指操控，另一個是機械鼓（圖Ⓑ），為四聲道按鈕式打擊樂產生器，兩個裝置都可為你帶來無窮的樂趣。

兩個裝置上我都用了STM32晶片「藍色藥丸」（Blue Pill），不到3美元即可購得，其時脉頻率為72MHz，閃存記憶體為64kB（在許多情況下為128kB），非常適合儲存取樣並進行信號處理。

這兩個專題使用了由提姆・巴拉斯（Tim Barrass）提供的Mozzi聲音合成函式庫，使用這些資料既快速又具彈性，

你可以透過數位針腳或I2S DAC輸出，又與各種AVR Arduino開發板相容，Mozzi裡有數位合成、取樣回放／操作以及殘響（reverb）、延遲（delay）等數位訊號效果（DSP），提姆還製作了許多範例和參考資料，內容非常棒，請參閱Mozzi首頁：sensorium.github.io/Mozzi以進一步了解你還能為專題添加哪些功能。

打造自己的合成器和機械鼓

開始製作前，請先將板子和函式庫準備好；每個裝置的製作步驟都一樣，主要不同在於輸入方式（滑桿或按鈕）和Mozzi函式設定。

首先，按照合成器（圖Ⓒ）或機械鼓（圖Ⓓ）的示意圖在麵包板上配線，若電路板本身沒有接頭，請將接頭針腳焊接到STM32上。

接下來，將ST-LINK編程器連接到STM32上micro-USB接頭對面的4個SPI針腳，標示位於針腳下方。請將GND、3.3V、SWDIO和SWCLK分別與ST-LINK上相對應的針腳配接。

接著，按照github.com/rogerclarkmelbourne/Arduino_STM32/wiki/Installation的指示，在Arduino IDE中安裝支援STM32的軟體，並從GitHub下載Mozzi聲音合成庫：github.com/

DJ Hard Rich
是來自灣區的音訊駭客，他和 DJ QBert 以及 Dan the Automator 一起設計表演用的硬體裝置，目前正在和 Jesse Dean Designs（提供機殼與 PCB 檔案提供者）合作一系列低成本的音訊改造工作。

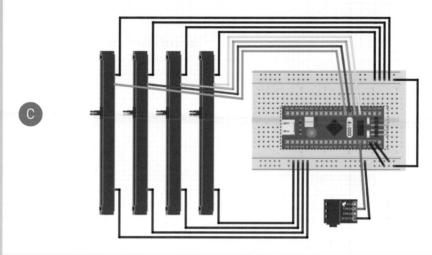

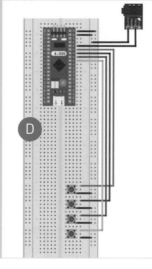

時間：
15～30分鐘

難度：
簡單

成本：
15～20美元

材料

» STM32「藍色藥丸」微控制器板 可與 Arduino 相容
» ST-LINK 程式設計工具
» 音源插座，3.5mm，母接頭
» 跳接線，若以麵包板配接請用 M/M 頭，若是以針腳連接 STM32 請用 M/F 頭
» 麵包板

機械鼓：
» 瞬時觸動開關，像是 Alps #SKHHAKA010 或者任何其他的瞬時開關；試試遊戲機臺按鈕。

合成器滑桿：
» 滑動式電位器，45mm 10kΩ (4)，像是 Digi-Key # BI PS45M-0MC2BR10K digikey.com

工具

» 電腦 操作 Arduino IDE
» 烙鐵

sensorium/Mozzi，將你的 Arduino 函式庫目錄 Mozzito 解壓縮並複製（Mac：Documents/Arduino/Libraries、Windows：MyDocuments\Arduino\libraries\），再啟動 Arduino IDE。

下載可供合成器（makezine.com/go/synthesider）或機械鼓（makezine.com/go/drummachine）使用的 Arduino 程式。若要載入程式，請從主選單點選 Tools（工具）→ Board（控制板）→ STM32 Boards（控制板）（圖 E），再選擇「Generic STM32F103C8」，以利在 Arduino IDE 中指定該電路板。將上載方式設定為「STLink」，接著透過 USB 連接你的 ST-LINK 燒錄器，再將程式上傳到 Blue Pill 晶片。現在一切就緒，可以開工囉！

使用合成器

滑桿程式設定如下：
» **滑桿 1：**振盪器頻率
» **滑桿 2：**FM（頻率調變）強度
» **滑桿 3：**調變率
» **滑桿 4：**使用者自定義

試著為第四個滑桿加入新功能，如延遲及其他音效，可以產生各種迷人的效果。除此之外，合成器的壓縮檔文件夾裡還有幾個檔案可供你自行雷射切割製作模型，還可以為滑桿自製 PCB。

使用機械鼓

按下按鈕可發出單次鼓聲，敲出節奏！

若要載入機械鼓範例，請使用 Audacity 建立一個 RAW 8 位元音頻檔，接著再使用 Mozzi/extras/python/ 目錄底下的 char2mozzi.py 程式碼，將音頻檔轉換為可透過標頭檔加載到程式中的範例資料陣列（完整說明請參閱 int8_t2mozzi.py）。

現在開始合成聲音，盡情搖滾吧！ ◐

Alan S. Johnson, Hep Svadja

時間：
24～48小時列印＋
2～4小時組裝

難度：
簡單

成本：
70～90美元

材料

以單顆喇叭為單位：

- » 3D 列印零件：蛋型外殼（1）、環蓋（1）、護網（1）和彎腳架（4）請至 thingiverse.com/dr_frost_dk/designs 免費下載 3D 檔案。就我而言，製作單顆喇叭需要 700 到 800 克 PLA 線材（約 20 美元）和少量用於製作腳架的彈性線材。喇叭單體環蓋可以依需要修改，或乾脆不用
- » 喇叭單體，4Ω，同軸 自行選擇 4" 或 5" 喇叭單體。歡迎參考我在 Thingiverse 頁面上針對使用 Sioux CS 100 PRO 和 130 PRO 驅動單體的建議
- » 喇叭泡棉密封條，長 500mm MDM-5 或相似型號
- » 子彈型連接器，4mm，鍍金（2）#AM1003A，hobbyking.com
- » 機械螺絲，3.5mm，粗牙螺紋（4）
- » 喇叭線，2×2.5mm²，最長 300mm
- » 泡棉，厚度 10mm，100mm×150mm
- » CA（氰基丙烯酸酯）膠 即強力膠

工具

- » 3D 印表機（可選用）你可以尋找 Makerspace 或將檔案寄給提供 3D 列印服務的
- » 烙鐵和銲錫
- » 鑽具和 5mm 鑽頭
- » 螺絲攻，3mm
- » 螺絲起子

海恩・尼爾森
Heine Nielsen
一位 37 歲的動手做玩家，總是為各種事物找出設計之外的用途，而且不怕去做沒人試過的事。

文：海恩・尼爾森　譯：屠建明

Egg Speakers

3D 列印蛋型喇叭

打造令人驚艷的好音質

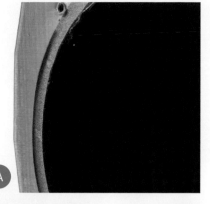

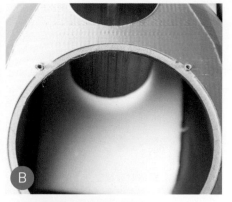

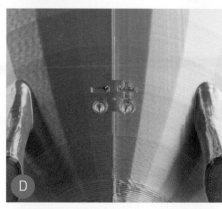

Hep Svadja

喇叭線的鍍金接頭使用。（要直接列印出能完美接合的孔很困難。）

3. 在4個喇叭安裝孔攻出3.5mm的螺紋，這樣在用螺絲鎖上喇叭時塑膠材質才不會分離。

注意： 如果找不到適合螺絲的螺絲攻，只要在多餘的螺絲上研磨出凹槽，就能當作螺絲攻。製作方法請見 woodgears. ca/thread_taps。

4. 在喇叭孔周圍放置MDM-5泡棉（圖 **A**）。

5. 在低音孔後方放置10mm泡棉。它會自己固定在位置上（圖 **B**）。

6. 把2個鍍金子彈型母接頭焊接到喇叭線的一端。

7. 把鍍金連接器從內側黏到蛋的背面（記得分辨極性）。這個步驟比較不好掌握，所以先演練過再上膠（圖 **C** 和圖 **D**）。

8. 把喇叭線空的一端接上喇叭，接著放上喇叭單體環，並用螺絲鎖上（圖 **E**）。

9. 最後，黏上彎腳架（圖 **F**）。
這樣第一支喇叭就完成了；重複以上步驟來製做第二支。

使用

將整組喇叭搭配擴大機使用，享受音樂！成果令我非常滿意，這是我聽過所有同尺寸的音箱裡最棒的。

從這個專題出發，還有很多可能性。我發現其中一件事：原本的低多邊形模型使壁面均勻填充困難重重，所以我最近做出了高多邊形的模型。

我把下一個專題用的零件印成透明的，然後再加裝WS2812B LED，讓房間兼具震撼的聲音和目不暇給的燈光與色彩效果。●

帶著20年打造喇叭和擴大機的經歷，我跨足3D列印領域，看看這項技術能否做出品質好的音響外殼。看過我朋友做的一些3D列印零件和它們的強度後，我決定自己嘗試。

成果：一組好看又有絕佳音質的喇叭，沒有阻礙音箱內氣流的尖銳邊角。「蛋」造型一直是高傳真界裡的音箱造型典範，但傳統的方法難以製作。現在有了3D列印就簡單多了。

我學到很多用填充設定來讓內壁和外壁之間產生氣隙的方法。這能帶來很大幫助：以氣隙取代實心塑膠能吸收部分的內部壓力，讓外壁的共振降低。材質和壁面

厚度的選擇對容納聲壓的影響最大，好讓你能在聆聽室獲得更高聲壓。

找到「對」的比例花了我很多時間，但從這麼小的喇叭能聽到如此的音質讓我非常驚豔。這組音響我以170美元價格賣出，但現在你只要約80美元就能自己做，組裝也很簡單，只需要基本的焊接技巧。

打造玩家級蛋型喇叭

1. 花點時間清理3D列印零件，讓零件外觀更好看。因為這會是你想拿出來炫耀的喇叭音箱。

2. 在蛋的背面鑽出5mm的孔以供連接

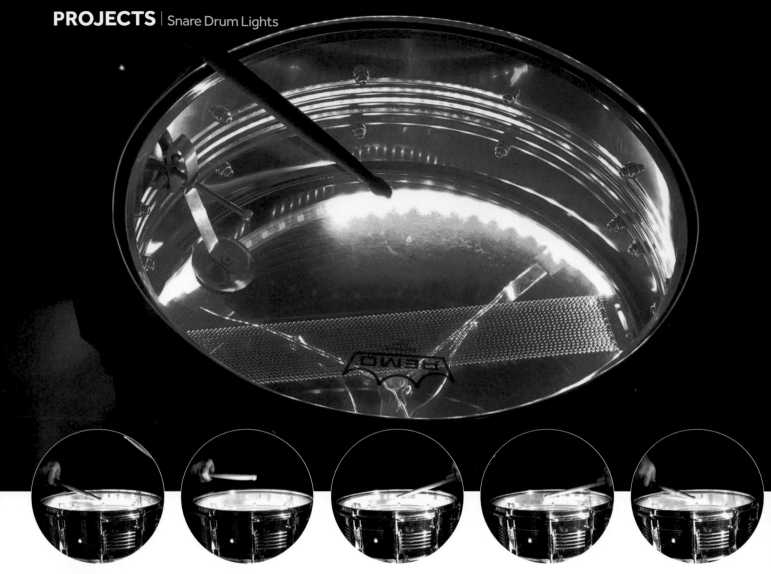

Beauty and the Beats

節奏變色龍

動態LED爵士鼓打造炫目演唱會

文：麥特‧史特爾茲　譯：屠建明

麥特‧史特爾茲
Matt Stultz
《MAKE》數位製造編輯，
3DPPVD、Ocean State Maker
Mill 及 HackPGH 創辦人。

我在Less Than Jake的演唱會上發現維尼爾‧菲奧雷洛（Vinnie Fiorello）的鼓內部裝有LED，當工作人員架設樂器時會定時變色，但在樂團演出時卻只維持單一顏色。Less Than Jake的現場表演充滿活力，這種靜態的燈光根本就不足以陪襯，我肯定能幫他們做出更好的！

這個裝置必需有互動功能，但尺寸要小到能完全裝入鼓的內部。我也知道沒有一個表演者會想在舞臺上手持筆電調整Arduino程式，因此我必須讓使用者能隨時輕鬆進行變更。

智慧核心

選用Huzzah32不只因為它的體積精巧，是因為我想利用它的Wi-Fi，後續的版本更具備了藍牙介面。我使用WS2812B LED燈條做為燈光，每公尺有60顆燈。偵測鼓擊的部分則使用LIS3DH加速規擴充板，支援觸控模式（圖A）。

我把Huzzah32設置成它本身的無線基地臺和伺服器。這個無線基地臺的名稱（「DrumLights」）和它的WPA金鑰（「HelloRockview」）可以透過修改程式碼的這一行來變更：WiFi.softAP（"DrumLights", "HelloRockview"）;。連線後，它會自動用預設瀏覽器帶你到一個網頁（我在Android系統進行此步驟時遇到一些問題，但試過所有其他的作業系統都很順利）。如果無法開啟，就直接讓瀏覽器前往位於192.168.4.1的設定頁面。

在設定頁面中有三個選項可以調整：閃爍、亮度和敏感度。「閃爍（Flash）」會讓所有燈閃爍超亮白光0.1秒然後變換顏色，有非常動感的效果，但某些人可能會受不了。「亮度（Brightness）」可以控制LED正常點亮時的亮度。「敏感度（Sensitivity）」則決定觸發LED需要多大的擊鼓力道，滑桿愈往右移，愈難觸發

時間：
1～2小時

難度：
中等

成本：
40～60美元

材料

» Huzzah32 微控制板 Adafruit #3405，adafruit.com
» LIS3DH 加速規擴充板 Adafruit #2809
» WS2812B RGB LED 燈條，每公尺 60 顆
» 多芯線
» 焊錫
» 熱縮套管
» 熱熔膠
» 束線帶
» USB micro 連結線
» USB 電源供應器，1.2A 或以上
» 機殼，自行製作或將我在 thingiverse.com/thing:2958176 的檔案 3D 列印
» 3D 印表機線材（可選用）

工具

» 烙鐵
» 斜口鉗／剝線鉗
» 熱熔膠槍
» 3D 印表機（可選用）

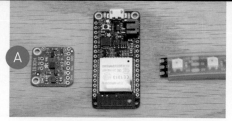
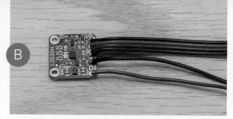

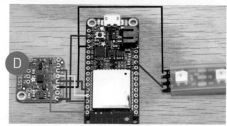

Jeff Shaw, Kelly Egan, Matt Stultz

色彩變化。

介面

我們要在 Arduino 環境中設定 Huzzah32。首先從 GitHub 安裝最新的驅動程式套件（github.com/espressif/arduino-esp32），根據適用你的作業系統的說明操作。接著就能在 Arduino IDE 的工具（Tools）下方從開發板（Board）選單中選取「Adafruit ESP32 Feather」。

另外也需要安裝 Adafruit_LIS3DH 和 Adafruit_Sensor 函式庫。這些函式庫和 LIS3DH 感測器的說明可以在 learn.adafruit.com/adafruit-lis3dh-triple-axis-accelerometer-breakout/wiring-and-test 取得。

為了建立連接 LED 的介面，我們需要 Adafruit NeoPixel 函式庫，可以從 Arduino IDE 的程式庫管理員安裝。套件安裝完成後，記得要重新啟動 Arduino。

組裝

購買 WS2812B LED 時愈長愈好，但 14 英寸的小鼓只需要約 44 英寸的長度。每顆 LED 之間有一條線，所以要數 68 顆 LED，然後在第 68 和 69 顆之間剪開。

這個專題的焊接步驟相當單純（圖 B），只有一個訣竅。我們有兩個需要接地的裝置，但在 Feather 平臺上只有一個接地腳位。

我直接把兩條接地線纏繞在一起，穿過孔，然後焊接固定（圖 C）。我們在 LIS3DH 擴充板上用的是 SPI 介面，因為在撰寫本文時，I2C 在 ESP32 平臺運作並不順暢。使用 SPI 會需要多接幾條線，但都在系統能承受的範圍。

請參考接線圖的完整細節（圖 D）。

我在電線和 LED 燈條連接較脆弱之處加裝一些支撐：拿一片多餘的塑膠（SD 卡盒），剪下一小塊，用熱熔膠黏到電線和 LED 燈條上。用防水套管包覆 LED 燈條後，我把 LED 燈條每一端用熱熔膠封住。在焊接的一端用熱縮套管把所有零件包覆在一起，還能增進美觀（圖 E）。

板子接線完成後，從 github.com/MattStultz/DrumLights 下載程式碼，在 Arduino IDE 開啟，並上傳到板子。完成後，就能輕觸感測器使燈光變色。如果隔 30 秒沒有輕觸，燈光就會進入展示模式，每 5 秒換一次顏色。

你肯定很不想讓這些零件在鼓裡面晃來晃去，所以我設計了一個 3D 列印外殼來容納所有零件（圖 F）。接線完成的加速規會放置在外殼底部，讓它最接近鼓。Huzzah32 則用雙面膠固定在外殼蓋子內側。放置 LED 燈條一側的外殼有支撐柱，可以用束線帶將其綁緊。

最後，因為「閃爍」功能會汲取很多電流，我發現需要能輸出至少 1.2A 的 USB 電源供應器。

開始搖滾

現在你可以用小鼓燈光秀來震動全世界（圖 G）。我把自己打造的作品送給維尼爾試用！鼓內的零件可以視自己的喜好固定，我覺得品質好的魔鬼氈是最好的選擇，但別忘了這是屬於你的樂器，用它盡情演奏吧。◆

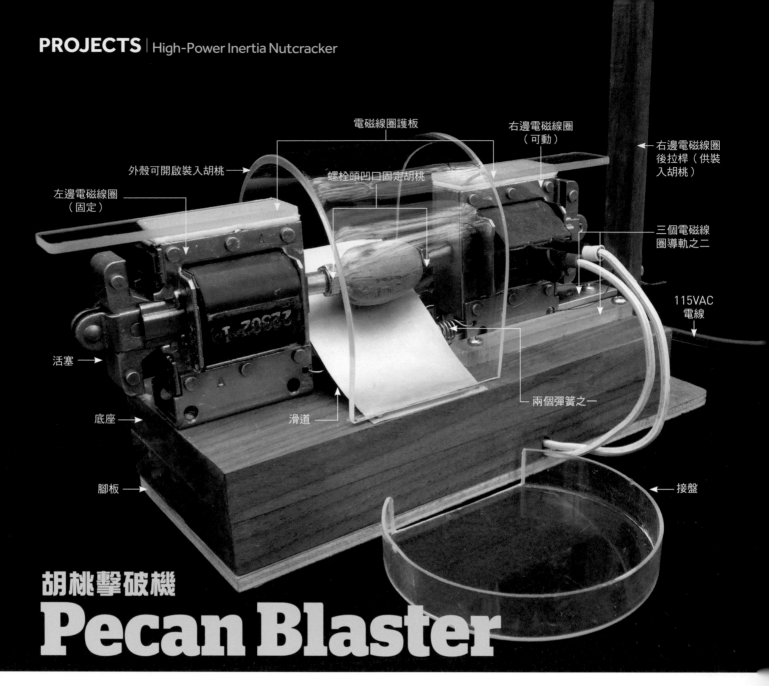

電磁線圈護板

右邊電磁線圈（可動）

→ 右邊電磁線圈後拉桿（供裝入胡桃）

外殼可開啟裝入胡桃 →

螺栓頭凹口固定胡桃

左邊電磁線圈（固定）

三個電磁線圈導軌之二

115VAC 電線

活塞 →

底座

滑道

兩個彈簧之一

腳板 →

接盤 ←

胡桃擊破機
Pecan Blaster

打造雙電磁線圈胡桃擊破機　留仁不留殼

文：賴瑞・科頓　譯：屠建明

賴瑞・科頓
Larry Cotton
終於放棄做什麼石破天驚的大事業。他熱愛電子學、音樂及樂器、電腦、鳥類、家裡的狗和老婆（非依重要性排列）。

時間：
一個週末

難度：
中等

成本：
30～50美元

你阿姨送了一袋自己種的胡桃給你，是不是很棒呢？唯一的缺點是要自己剝殼。我們才不想用胡桃鉗手工剝殼對吧？

有一個選擇，是用50美元在Amazon或eBay購買傳說級的Texas Native剝殼器。雖然這款以橡皮筋驅動、有40年歷史的設計堪用，但你可以試試看用它剝十幾顆胡桃後拇指花多久才復原。

市面上有好幾種半自動、一次剝一顆的剝殼器，都是採用和Texas Native一樣的原理：從一端撞擊胡桃，讓另一端的鎚子稍微移動，產生可觀的慣性力。這類機器用區區200到400美元就可以從Red Hill General Store等供應商買到。剝殼之後還有很多清理工作要做。

我們的胡桃擊破機使用相同的原理，但改採兩個面對面的高負載115V電磁線圈。操作時只要把胡桃放在電磁線圈中間，關上透明保護罩，接著同時發射兩個電磁線圈。胡桃絕對受不了兩端的同時撞擊。左邊的電磁線圈為固定，而右邊的電磁線圈能滑動來容納各種尺寸的堅果，並

材料

» 高負載電磁線圈，120VAC（2）Dormeyer #7467S，Electronics Goldmine（goldmine-elec-products.com）#G20264B
» 木材，尺寸約 2"×4"×8" 以核桃或胡桃木為佳，松木亦可
» 木塊，尺寸約 6"×³⁄₄"×¹⁄₄"（1）和 1"×⁵⁄₈"×¹⁄₂"（1）
» 合板塊，厚度 ¹⁄₄"，尺寸約 2"×4"×9"
» 壓克力板，厚度 ¹⁄₄"，¹⁄₂"×6" 條狀（2）用於側軌
» 壓克力板，厚度 ¹⁄₈"：⁵⁄₈"×³⁄₄"（2）、2³⁄₄"×9"（1）和 ³⁄₄"×3¹⁄₄"（2）用於軌道間隔、外殼及電磁線圈護板
» 鋁條，¹⁄₈"×⁵⁄₈"×12" 用於中央軌
» 鋁條或鋁擠型，¹⁄₁₆"×¹⁄₄"×1¹⁄₄" 用於開關致動器
» 透明塑膠沙拉盒 用於滑動表面
» 螺栓，¹⁄₄"-20 或 ¹⁄₄"-28（2）平滑無螺紋長度至少 1¹⁄₈"
» 塑膠原子筆筆管 Paper Mate 或類似產品
» 拉伸彈簧，⁵⁄₁₆"×1¹⁄₂"×0.023"（2）Hillman#543470，於 Lowes 有售
» 絞鍊，黃銅或鋼材：1"×1"（1）和 ³⁄₄"×³⁄₄"（1）
» 橡膠腳踏墊（4）或泡棉膠 Michaels、Hobby Lobby 等有售
» 微動開關，標準 SPST 型，115VAC Omron、Honeywell 或中國製品
» 木螺絲，#4×⁵⁄₈"（2）用於微動開關
» 汽水鋁罐 用於滑道
» 小釘子（2）用於滑道
» 機器螺絲及螺帽：#6-32×¹⁄₂"（3）和 #8-32×1³⁄₄"（2）
» 鋸齒形墊圈，#8（2）
» 各種金屬板和／或木螺絲
» 纜線端子，母（4）安裝於電磁線圈
» 電源線，115V 從廢棄電器回收
» 熱縮套管
» 絕緣膠帶及雙面膠
» 烙鐵及銲錫
» 尼龍編織釣魚線 或電線，用於將橫桿連接至可動電磁線圈
» 接盤 依喜好挑選

工具

» 鎚子
» 鉗子
» 斜口鉗
» 金屬板剪
» 螺絲起子
» 電鑽搭配各種鑽頭及起子頭
» 鑽床
» 鋼材切割錐坑，¹⁄₂" 或 ³⁄₄"
» 磨砂機或砂紙，120 粒度及 320 粒度
» 手鋸或線鋸 搭配木材及鋁材刀片
» 帶鋸（可選用）搭配木材刀片
» 鋼鋸及銼刀
» 熱熔膠槍
» 高速刻磨機（可選用）例如 Dremel 產品，搭配 ¹⁄₄" 直刀裁剪機
» 熱風槍
» X-Acto 筆刀 搭配全新 11 號刀片
» 虎鉗 至少容納 4"
» 擀麵棍或 PVC 管，直徑 2³⁄₄"–3" 用於彎曲外殼
» 中心衝
» 直尺、圓模板
» 尖鉛筆及橡皮擦
» 木材塗料（可選用）表面油、蠟、Deft 透明亮光漆等，視需要選用

且回彈，以舊式剝殼機的慣性重量原理運作。堅果的兩半通常都會完好地從果殼分離，也有時候會裂成四塊或更小的顆粒，這種可以用在烘焙或當零食吃。擊破後通常不需要進一步剝殼。

　　以下是自己做一臺擊破機的方法，也歡迎自行更換材質和調整尺寸。

冷知識： 胡桃其實不是一種堅果，而是核果。makezine.com/go/nuts-and-drupes

製作撞擊器

1. 從 Electronic Goldmine 購買電磁線圈（#G20264B），這是合用的規格裡面最便宜的，兩個不到 10 美元。Electronics Goldmine 有 10 美元的低消，所以再找些其他東西加進訂單。如果一定要兩天到貨的話，Amazon 有賣每個約 25 美元（不含運費），商品編號 B01MQ4H6OP。

2. 用長 8 英寸的 2×4 木材做成底座。我手邊剛好有一些核桃木，但如果有胡桃木的話就太搭了（問你阿姨可不可以砍她的樹）！用帶鋸或圓鋸在底面切割出寬約

¹⁄₈ 英寸的線路溝槽，總長約 2³⁄₄ 英寸。

警告： 所有接線皆完成絕緣前，勿將電磁線圈通電！

3. 準備電磁線圈。它們是為了提供推力設計，但我們必須讓它們用拉的，所以我們要用鑽床在兩個電磁線圈平的一面中心各鑽出一個 ¹⁄₈ 英寸的孔。這個孔距離頂面 1 英寸（圖 A），穿透厚約 ¹⁄₄ 英寸的表面。使用中心衝以求精確！兩個孔必須與各自的內部活塞對齊。用尺寸從 ¹⁄₈ 英寸到 ¹⁄₄ 英寸多個鑽頭小心地把孔擴大到 ¹⁄₄ 英寸。

　　鑽孔後，要仔細地吹、刷和／或用溶劑（如油漆稀釋劑，但非用水）沖洗移除掉進電磁線圈的碎屑。磁化的螺絲起子頭也很好用。把 ¹⁄₄ 英寸-20 或 ¹⁄₄ 英寸-28 的螺栓在電磁線圈的孔來回滑動，直到感覺不到阻力為止。

注意： 電磁線圈通電後，活塞必須能輕鬆推動螺栓而沒有阻力。

Larry Cotton

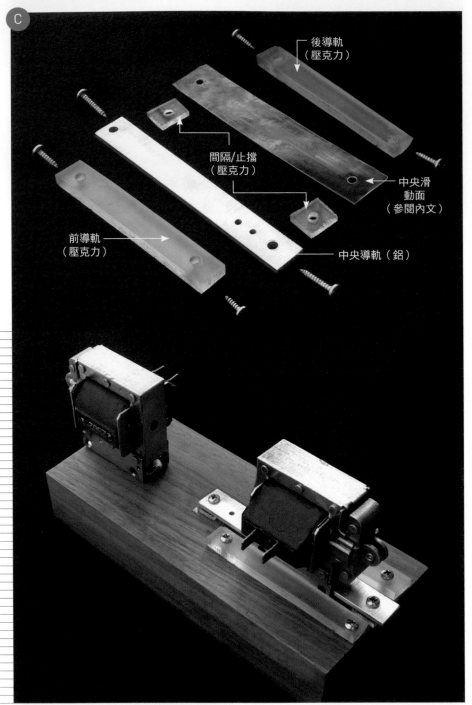

後導軌
（壓克力）

間隔/止擋
（壓克力）

中央滑
動面
（參閱內文）

前導軌
（壓克力）

中央導軌（鋁）

接著就順勢分別在兩個電磁線圈末端鑽兩個 3/32" 的孔來固定彈簧的兩端，如步驟 8 所示。

4. 把一個電磁線圈安裝在底座頂面，線路溝槽的另一端。使用擊破器時，它會在你的左邊，放置在中線上和 2×4 木材的末端對齊。讓它和長邊平行，電磁線圈活塞超出底座末端（圖 **B**）。安裝時在底座上鑽出對應電磁線圈孔洞位置但稍大的孔。我用了兩個 1 3/4 英寸 8-32 機器螺絲、螺帽和鋸齒形墊圈鎖緊固定。

5. 把另一個電磁線圈安裝在右端。它會來回滑動，範圍是和左邊電磁線圈距離約 2 英寸到約 3 1/2 英寸。它的活塞必須在右邊。我們必須引導這個電磁線圈以最低阻力順暢、精確地滑行。我做了三條軌道：兩條 1/4 英寸壓克力軌道和 1/8×5/8 英寸鋁條中央軌道（圖 **C**）。中央軌道的兩端必須抬高 1/8 英寸來防止黏結。我做了兩個 1/8×3/4×3/4 英寸壓克力間隔，也作為終點外殼功能。安裝時讓右邊電磁線圈能來回順暢滑動且沒有過多間隙，並於最靠近時停止在距離左邊電磁線圈 2 英寸處。移動距離約 1 1/2 英寸。接著把兩個彈簧接上這兩個電磁線圈。

> **注意：** 導軌必須限制電磁線圈的側向和垂直運動，並允許自由滑動。調整到它滑動順利為止。把鋁條上的孔鑽稍大是預留調整空間。我也在底座上黏了一個薄層滑動表面（以堅硬透明沙拉盒製成）。你也可以豪邁地噴上鐵氟龍潤滑劑，例如 AMAZON#B00D3ZKVAS。

6. 我用 1/4 英寸-20 螺栓製作胡桃的固定器／撞擊器，1/4 英寸-28 亦可。這裡使用的兩個螺栓，要有至少 1 1/8 英寸的平滑無螺紋長度。用鋼鋸切割後以銼刀把兩端磨平，讓它們容易穿進電磁線圈。螺栓前端要有錐形凹口來對準胡桃。用鑽床和虎鉗把螺栓夾住，並在前端中心點鑽出 1/8 英寸的孔，深約 1/8 英寸。接著換成 45 度或 50 度角、直徑（至少）1/2 英寸的錐坑鑽頭，然後對鑽好的孔鑽坑，直到錐形在螺栓頂端達到 5/16-3/8 英寸的直徑（圖 **D**、**E**）。

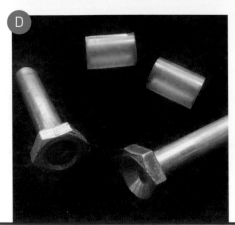

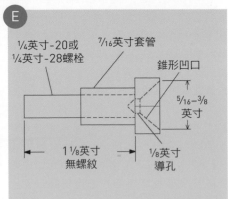

1/4 英寸-20 或
1/4 英寸-28 螺栓

7/16 英寸套管

錐形凹口

5/16-3/8
英寸

1 1/8 英寸
無螺紋

1/8 英寸
導孔

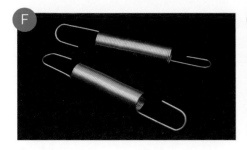

兩邊鑽 3/32 英寸的孔 → （左側）
兩邊鑽 3/32 英寸的孔 → （右側）

左邊電磁線圈　　右邊電磁線圈

這些錐形在撞擊時發揮固定胡桃的重要功能。

7. 我用原子筆筆管（最便宜的 Paper Mate）做成螺栓頭間隔，長約 7/16 英寸，應該可以穩穩套在螺栓上。如果尺寸不合，就在端點下面用熱熔膠固定。把這兩個螺栓插入電磁線圈上的孔（必須能輕鬆滑入），並盡可能讓兩個電磁線圈接近（約 2 英寸，記得嗎？）。螺栓頭現在應該要相互對齊，於最接近處距離約 3/4–7/8 英寸。另外，當兩個螺栓被推到它們的間隔觸碰到電磁線圈的疊片時，疊片外側和活塞之間的距離必須約為 1/4 英寸。這是電磁線圈能推動活塞的距離（視胡桃實際硬度而定）。如果不是這個距離，就把右邊電磁線圈重新定位，或調整螺栓和 / 或間隔的長度。

8. 製作並安裝彈簧。其實用「改造」這個詞更貼切。買一對 Hillman 5/16× 1 1/2×0.023 英寸線直徑的彈簧。Lowes 有庫存可以買。它們的長度在這裡不適用，差不多只要約一半的長度。把它們從大約中間的位置剪斷，讓線圈長度約為 5/8 英寸。各把其中一圈折彎變成鉤子（圖 F、G）。把彈簧勾到我們在電磁線圈側面鑽出的 3/32 英寸孔（圖 H）。右邊電磁線圈現在會被向內拉。依照步驟 7 的說明檢查尺寸。

製作外殼

外殼的必要性在於讓胡桃碎片不會噴到你臉上。關閉外殼後，它會啟動開關為電磁線圈通電。

警告： 勿省略步驟 9 到 11。你的眼睛會感謝你。

9. 用 2 3/4×9 英寸的 1/8 英寸透明壓克力條來做外殼。我用直徑 2 3/4 英寸的擀麵棍作為彎折壓克力條的模型。壓克力管或其他直徑接近的圓柱體都可用。把模型用虎鉗夾住，並慢慢加熱壓克力條的中間兩側（圖 I）。升溫時，它會開始下垂（圖 J）。在長度 4 英寸的區域施加足夠的熱，讓它能在模型上變成 U 型（圖 K）。這要慢慢來，太熱的話會讓壓克力扭曲和 / 或起泡。在模型上彎曲後，把它固定在上面，維持兩端約略平行，直到冷卻和硬化。

註： HARBOR FREIGHT 網站上賣的熱風槍價格在 9 ～ 15 美元之間，例如 #96289，適用於彎曲塑膠和收縮熱縮套管等用途。

10. 因為外殼尺寸各有不同，在胡桃擊破器上安裝是需要不斷嘗試的過程。這裡的目的是把外殼用絞鍊安裝，讓它能完全打開（讓我們放進胡桃）和完全關閉，蓋住電磁線圈中間的空間。開啟和關閉外殼時，它都不可觸碰電磁線圈。外殼完全關閉後，它會（透過連接的開關致動器）開啟 115 VAC 微動開關，為電磁線圈通電。用 6-32 機器螺絲和螺帽在外殼的背面中央固定一個寬 1 英寸的絞鍊。用僅僅一滴熱熔膠，把支撐絞鍊用的木塊（約 1×5/8×1/2 英寸高）暫時固定在距離底座背面約 3/8 英寸、兩個電磁線圈最接近時的中間位置。把絞鍊當作模板，在木塊的頂面鑽出兩個小孔，然後用木螺絲把絞鍊的另一邊固定在木塊上（圖 L）。把外殼從後面翻到前面，罩住兩個電磁線圈之間的空間。調整木塊的尺寸和位置來讓它順利運作。盡可能把外殼放低。可能要（暫時）把絞鍊移除並修剪外殼的一側或兩側，讓它的尺寸更適合。安全是這裡的首要目標，所以要有耐心把它做好。還不要永久固定木塊！

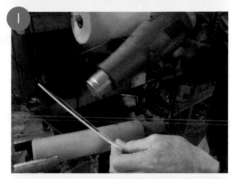

Larry Cotton, Jude Brown

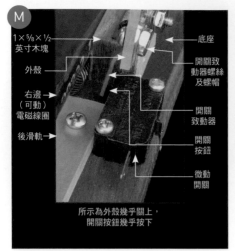

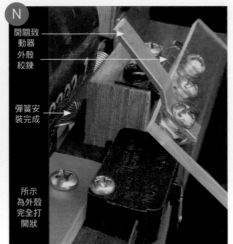

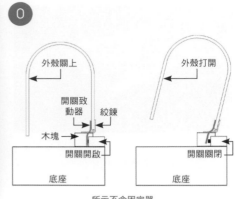

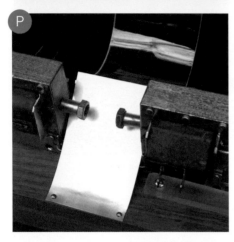

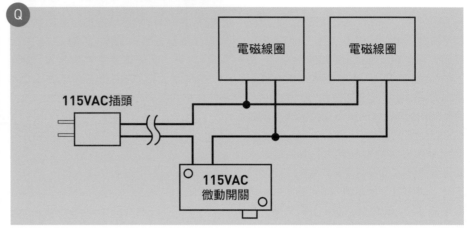

11. 裝上開關和致動器。和小木塊一樣，先用熱熔膠暫時固定微動開關，如圖所示。我的致動器是把一個 $1/4 \times 1/16$ 英寸的鋁塊折成 Z 形而成。用 6-32 機器螺絲和螺帽把它連接到外殼的下緣，這樣在關上外殼時，致動器會觸碰微動開關的按鈕並把它完全壓入。調整致動器和/或微動開關，確認每次都能順利運作（圖 M、N）。完成後，把木塊和開關致動器永久黏在定位，並鎖緊所有螺絲和螺帽。用兩個 #4 × 5/8 英寸螺絲安裝微動開關。（可

能需要把孔加大到 1/8 英寸。）最後，用黏膠或螺絲永久固定絞鍊支撐木塊（圖 O）。

最後組裝

12. 用鋁罐或任何薄鋁片做出一個引導滑道，約 2 × 3 1/2 英寸。把它暫時固定在底座的前緣、兩個電磁線圈中間。它大概會靠在最接近的彈簧上，這沒關係！但是要確定開關致動器在外殼打開和關上時不會碰到滑道。如果會碰到，就調整滑道或致動器的長度。接著用兩個小釘子把滑道固定在底座（圖 P）。

13. 用 1/8 英寸壓克力板做成 3/4 × 3 1/4 英寸的護板。清潔電磁線圈頂面後，用雙面膠固定護板，如文章開頭大圖所示。

14. 接線！我採用一個非常基本的電路圖（圖 Q），可以看到兩個電磁線圈的電源是同時開關。使用適合電磁線圈上公端子的母纜線端子。使用熱縮套管和大量絕緣膠帶來為所有露出的電氣零件進行絕緣。

把纜線從右邊電磁線圈經過底座底面的溝槽拉到背面，並用電線固定釘或釘書針全部固定（圖 R）。

15. 用 1/4 英寸合板做成腳板，比底座長 1 英寸，接著用螺絲固定在底座底面。確認通過的線路在溝槽裡面。裝上 4 或 5 個橡膠小腳墊（圖 S）。

16. 用長約 6 英寸的核桃木或其他硬木做成槓桿，用來把右邊電磁線圈向右拉，讓我們裝入胡桃。在其中一端離末端 1 7/8 英寸處，鑽出 3/32 英寸的洞。在同一端用和壓克力外殼所用一樣的另一個絞鍊把它連接到腳板。用尼龍編織釣魚線或細線穿過右邊電磁線圈的兩個孔，並拉到槓桿上的小孔。用螺絲防止這條線滑動。讓這條線稍微鬆弛（圖 T）。嘗試把槓桿頂端向右邊拉，在兩個螺栓頭之間拉開距離。電磁線圈必須能輕鬆滑動，無黏著或過多間隙。

警告： 為防受傷，外殼從完全打開到完全關閉之間的路徑不能碰撞任何東西。安裝在外殼上的開關致動器必須在外殼抵達完全關閉位置的同時壓下微動開關按鈕，啟動電磁線圈。

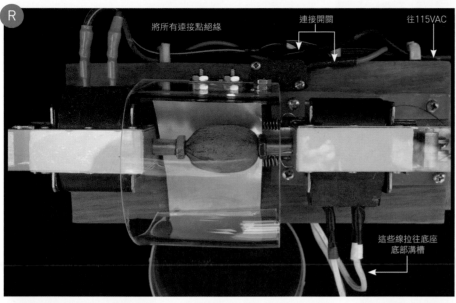

將所有連接點絕緣　　　連接開關　　　往115VAC

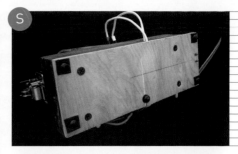

這些線拉往底座
底部溝槽

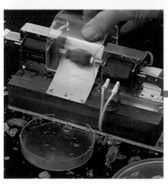

17. 製作接盤。我拿一個舊時鐘的鐘面，把其中一端鋸平約 2 英寸長度並打磨。

摩拳擦掌

使用前胡桃擊破機前，先測試一下，把透明外殼打開，接著插上電磁線圈電源。這時電磁線圈「不會」擊發。如果有擊發，就拔除電源並檢查開關和接線！

使用

準備就緒後，依照以下步驟操作：

a. 打開外殼。

b. 用硬木槍桿打開或關上螺栓頭之間的空間。

c. 裝入胡桃並稍微將之旋轉，確認被螺栓固定。

d. 重要但一開始不明顯的一步：把兩個活塞盡量向外拉。

e. 關上外殼來把胡桃擊破！

疑難排解

如果胡桃在第一擊沒有破（通常會破），

就再試一次。擊發前要確認活塞有完全向外拉，這很容易忘記。

» 電磁線圈滑動。右邊電磁線圈可能未自由滑動，或過度自由移動（側向及上下）。只要把槍桿來回拉動幾次。右邊電磁線圈必須正對固定電磁線圈自由滑動。電磁線圈擊發後，右邊電磁線圈應該要向右稍微直線彈跳，不能往上或側邊跳。

» 螺栓黏結。同時要確認螺栓能在電磁線圈上我們鑽出的孔順暢滑動。

» 檢查尺寸。有三個尺寸很重要：

1. 電磁線圈之間的最短距離應約為 2 英寸（圖 U）。

2. 螺栓頭之間的（空）距離應為 $3/4$-$7/8$ 英寸。

3. 疊片外側和活塞之間的距離在拉開前必須約為 $1/4$ 英寸（圖 V）。

祝你破殼愉快！ ◢

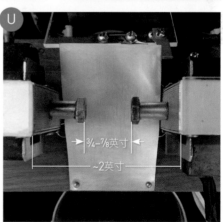

$3/4$-$7/8$英寸
~2英寸

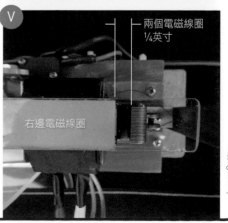

兩個電磁線圈
$1/4$英寸

右邊電磁線圈

Larry Cotton

格雷格・崔塞德
Greg Treseder
前航太工程師,成立了
Fab Forge Five,一間
由家族經營的數位製造
公司。他相信動手做是
人類文化的根本之一,
同時也是玩樂的一種好
方式。

尋寶指南 Via Libris　文：格雷格・崔塞德　譯：蔡宸紘
讓GPS尋寶指南帶你探險,得到隱藏祕寶!

Via Libris是一個擁有平裝書外貌的手作「GPS尋寶指南」。裡面設有特別的方位羅盤以及三種類別:遠、近、快到了(cold、warm、hot)的小提示轉盤,循著這個指南就能找到預先設定的藏寶地點。抵達目的後,從書中的隱藏夾層中就會有「禮券」彈出來,對於尋寶者來說會是意想不到的驚喜!

想要重新設定地點也相當簡單,只要輕輕按下書裡的按鈕,就能重新指引到一處全新的藏寶地點。

每一本指南樣式都是獨一無二且造型精美,而且還可以重複使用。我會用我的指南帶領親友到禮券指定的商家或餐廳,成果非常有趣。所以我決定將Via Libris打造成套件,讓別人也能動手做。在這過程中我學到了很多。

復古機械風格

VIA LIBRIS裡頭裝載了Arduino Pro Mini微控制器、磁力計、加速規、GPS模組、微型伺服馬達,以及特製的連續轉動特殊減速伺服馬達。

這項專題的靈感來自肯頓・哈里斯的另類地理藏寶(Kenton Harris's reverse geocache box) 由Adafruit於2012年推出。「領著人到特定地點尋找驚喜,但其實驚喜一直在手中的盒子裡」,我一直很欣賞這個點子。

小知識:《MAKE》雜誌於 2011 年刊登麥克・哈特發明的另類地理尋寶秘盒(Reverse Geocache Puzzle Box)。
——編輯群

VIA LIBRIS的設計走復古風,因為我熱衷於會運轉的物件,像復古機械的風格就相當吸引我。因此我在硬體上做了特別的設計,使用伺服馬達製作能轉動的指針。雖然用液晶顯示器或是LED矩陣來代替指針會更輕鬆,但我非常喜歡用Arduino來製作機械類的專題。

一開始我決定產品只能使用兩組馬達,因為要省下空間,同時將整個設計的磁性物質減到最低,好讓設計仰賴的高感度電子羅盤找到磁性軸承。這讓我面臨如何設計出用兩組伺服馬達就完成三個種類(羅盤、小提示轉盤和禮券彈出器)的運轉模式。

設計電路板

我在前期就完成了電子「模組」,包括Arduino Pro Mini、Adafruit Ultimate

GPS、伺服馬達控制器和一個電子羅盤。我並未把所有零件焊接到電路板來組裝這些產品，而是使用了Eagle軟體設計出主要控制的PCB，能讓我輕鬆將不同模組焊接到主控PCB上（圖 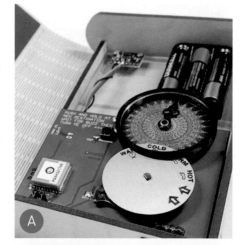A）。

在我把PCB的設計圖交給廠商前，我自己先試做了一片電路板，以測試整個系統。雖然有點簡陋，但測試後沒問題！在這次的測試後我也有所收穫：那就是GPS模組底部的接地平面很重要。這個接地平面將所有由Arduino（和伺服馬達）產生的電子雜訊隔絕，才能完整接受到微弱的GPS訊號。

收到PCB後，我發現原型設計上有個缺失。我必須在每一組電路板上修改一些電路。所以下單前請先看三遍！

3D 繪圖是關鍵

還記得我決定「只使用兩組馬達要完成三種不同的運轉模式」嗎？這帶給我相當大的設計挑戰。因為我希望小提示轉盤的馬達也能滿足彈出器的特殊運作模式，讓禮券能夠以出其不意的方式，從書本底部的隱藏夾層中「彈出」。為了達成這個目標，小提示馬達必須設定某些機制，讓它在小提示轉盤轉到「你找到了」的GPS地點時啟動。

一開始，我不想花時間在3D繪圖上，所以直接做出彈出器樣本來測試。我一共試了五種不同版本。但每個版本都會遇到其中一個問題：整體設計能夠順利運轉，但要做成實品卻相當困難；或是能輕易做成實品，但難以運轉順暢。

直到測試第五個版本也失敗後，我決定改變方針，將目標放在繪製出完善的3D CAD模型。我花了數小時使用Autodesk Fusion 360軟體（圖 B）製作完整的設計組裝（除了彈出器以外）。這個軟體能讓我在完全不用製作實品的情況下，就能清楚檢視設計圖的空間限制，並測試不同的彈出器。如果新的設計無法運作，我就只要輕輕點擊消除按鈕就可以了。

最後，我終於試出一種比較可行的設計，而這會運用到3D列印零件。整體算下來，我在3D模型上花了約十個小時。如果當初就採用這個方法，我就不用花好幾個月走冤枉路了。

程式設計

Arduino的程式要能處理裡各種外部裝置的I/O需求。像GPS模組使用序列通訊、電子羅盤使用I2C、伺服馬達使用數位腳位，我設計的伺服馬達也需要類比腳位來測量結果。另外，專題裡用來提供資料回饋的小型薄盤震動器，也有Arduino數位腳位的需求。

Arduino運用序列通訊編寫程式，但GPS模組也使用到這序列埠，它會阻礙上傳的程式資料。我試過將GPS模組移置到一組使用「Soft Serial Arduino程式庫」的數位腳位上，它即會藉由軟體來模擬硬體的序列介面，進而解決這個問題。但我嘗試後發現，Soft Serial和伺服馬達會互相干擾彼此的執行時機點。於是，我另外在PCB的設計中加裝些簡易的跳接器，這樣編寫程式時，就可以啟動跳接器讓GPS模組斷線。以上就是用硬體修正來解決軟體缺失的例子。

記錄所有細節

我用文字和照片記錄打造尋寶指南的每個過程，連修訂歷史紀錄、每個零件以及安裝特殊工具都不放過。我將這些紀錄總結起來，很快地這套完整的製作導引便誕生了。無論是要量產你的作品，或者只是做十組作品來分送給親朋好友，我都非常推薦這個方法。還有，為你寫的程式留下一堆留言吧。

最佳試驗對象

一完成原型作品後，我將它們置入美觀的「書盒」裡，這些盒子是從禮品店裡買來的（圖 C）。我挑選了一些喜愛冒險的親朋好友們，並給每人一本Via Libras，裝置內已預先編寫好附近商家的程式，並藏入一張禮卷。我想知道他們是否能啟動那個書盒然後跟著指南走，同時希望能給他們一個驚喜。果然實驗成功！

我收到了一些實用的回饋。像是指南並沒有顯示離「寶藏」大概有多遠的距離。至於到達目標要坐車、騎腳踏車還是走路？所以我加上了車、步行的圖案指標。我也發現一個難以察覺的錯誤，原來是測量方位的三角函數出錯了。在我家附近測試時這個錯誤並不明顯，但在我媽家問題可就大了！

製作Via Libras過程不但好玩又能學到很多。我以自身累積的經驗撰寫了一篇設計原型的教學，希望它能協助完成你的夢想專題。 ◑

[+] 完整文章內容請至makezine.com.tw/via-libris，欲瀏覽我的「原型設計導引」請至fabforgefive.com/treasure-book。

時間：
2～3小時

難度：
中等

成本：
90～100美元

材料

Via Libris GPS Treasure Book 套件
可於fabforgefive.com/store以90美元購入。包含了以下主要零件：
» Arduino Pro Mini 微控制板
» 預先焊接至客製 PCB 的 GPS 模組 LSM303 電子羅盤 附加速規和磁力計
» 微型伺服馬達
» 連續轉動減速伺服馬達
» 旋轉感測器
» 按鈕開關
» 滑動開關
» 雷射切割的書盒
» 3D 列印轉輪裝置和支架
» 雷射切割壓克力和輪子
» 各種螺絲和元件

A

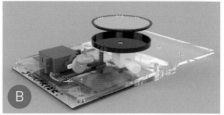

B

C

時間：
1～3小時

難度：
簡單

成本：
80～150美元

材料

» 瓦楞紙板
» 大塑膠垃圾袋 透明的更好用
» 9g 微型伺服馬達
» 電子速度控制器（ESC），約10A
» 無刷馬達，1,000kV-2,000kV
» 螺旋槳，尺寸 5×4.5
» 遙控發送器和接收器，最少2個頻道
» 強力雙面膠帶
» 沙灘網球拍玩具（2）或類似物品。我是在10元商店買的。
» Strawbees 連接器（34）找找附近的 Strawbees 零售商 strawbees.com/resellers。
» 吸管（3）回收舊吸管或 Strawbees 的吸管。
» 橡皮筋或束線帶
» 透明膠帶
» 3D 列印零件（可選用）用來做馬達艙
   從 makezine.com/go/cardboard-hovercraft 下載 3D 文件。也可以用厚紙板或 1mm-2mm 塑膠自己做，
或是選一組套件 到 strawbees.com/store 選購類似照片所示的套件

工具

» 紙模板 到 makezine.com/go/cardboard-hovercraft 下載
» 鉛筆
» 美工刀
» 剪刀
» 十字螺絲起子
» 金屬尺
» 鋸子
» 熱熔膠槍或環氧樹脂（可選用）自製紙板馬達艙用

自製遙控氣墊船
DIY R/C Hovercraft

用厚紙板跟垃圾袋就可做出飛快的遙控氣墊船！自製一打跟朋友尬車吧！

文：艾瑞克・索史坦森　譯：Madison

艾瑞克・索史坦森
Erik Thorstensson
是一位工程師、創業者，共同創辦了老少皆宜的獲獎實驗玩具「Strawbee」。

　　一切始於我把自製的四軸無人機摔壞了，必須想個辦法重複利用無人機的零件。剛好那個週末我有點發燒，偷得浮生半日閒……剛好我又一直有個打造氣墊船的夢想……同為 Maker，你應該猜得到接下來會發生什麼事。

　　我用了一些厚紙板、垃圾袋和電子零件，就這麼做出了氣墊船。接著我不斷改善設計，嘗試不同東西，把氣墊船一路做到1公尺長。Makeadrone（ makeadrone.net）上幾位挪威 Maker 幫了我不少忙，他們立刻開始辦了一些工作坊，製作一些我早期的設計，還協助改善了我的創業產品 Strawbee。最後我們一起讓 Strawbee 教育實驗套件問市。

　　這臺厚紙板氣墊船背後的概念是個簡單的實驗平臺。我們用簡易拆卸的馬達系統和低成本的材料，讓你可以快速改善底盤、邊緣和舵的設計。不但好玩，還能讓你學到產品開發的技巧。

　　這些小船可是很能跑的！時速可達25英里（約40公里）。用你自己的設計，和朋

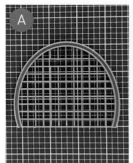

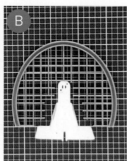

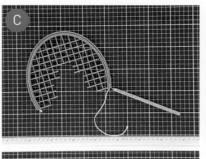

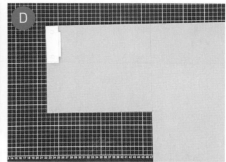

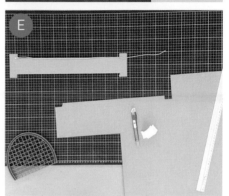

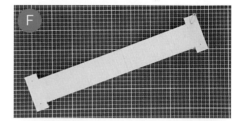

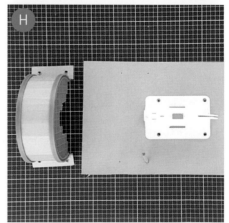

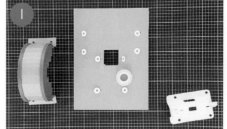

友們比賽吧。

1. 製作螺旋槳護罩

先做固定在底盤上的東西，這樣你才知道要在底盤上什麼地方打洞。第一個要做的是螺旋槳護罩。

用便宜耐用的塑膠海灘網球拍玩具做螺旋槳護罩。許多這種玩具都有可以插厚紙板的凹槽。如果沒有，你也可以用膠帶或膠水將厚紙板固定在邊緣。厚紙板護罩加上塑膠網可以防止物體打到螺旋槳（當然也可防止螺旋槳打到其他物體）。確保有足夠的空間讓螺旋槳旋轉，畫好記號，鋸開球拍（圖Ⓐ）。

其中一支球拍要切出容納馬達艙的空間。將馬達艙放在球拍上，描出形狀後照著切割（圖Ⓑ）。

在球拍邊緣的凹槽用繩子測量做護罩的紙板所需的長度（圖Ⓒ）。你也可以用捲尺量。

剪下護罩尾端的模板，放在瓦楞紙板上，與瓦楞紙的紋路方向平行（圖Ⓓ）。這樣待會比較容易插在球拍上。用模板畫出第一個護罩尾端的輪廓和孔。接著在距離同護罩紙板長（即剛剛用線量的長度）處，用同樣的模板再畫一個尾端。

沿著你的記號剪下護罩紙板和兩個尾端（圖Ⓔ）。如果想讓它外觀更整齊，就把末端修出圓角。在這篇教學中我們沒有剪。

用鉛筆打出四個孔（圖Ⓕ）。

把厚紙板插在兩支球拍的邊緣（圖Ⓖ）。用橡皮筋或束線帶固定。螺旋槳防護罩完成。

2. 準備底盤

直接使用底盤模板或畫一個25×34公分的方形。為了讓底盤夠堅固，確保瓦楞紙板的紋路與行進方向平行，否則撞到東

西會很容易往內折。用金屬尺輔助切下方形。

照著模板剪下5 x 5公分放馬達艙的洞。留意中心位置的偏移。中心位置對氣墊船的平衡很重要。依照電子零件和螺旋槳防護罩的重量，你可以試試不同的偏移量，改善設計。如果這艘氣墊船尾較重，下一艘就把零件往前移，反之亦然。做下一艘氣墊船時，你也可以在船尾貼配重以達成平衡。

把馬達艙（見步驟3和4）放在馬達艙孔上，畫出馬達艙的四個小洞。接著畫螺旋槳防護罩。記得確保防護罩的位置要留足夠空間給馬達跟螺旋槳。用鉛筆打洞（圖Ⓗ）。

決定哪一面要朝上，把單腳Strawbee連接器從下往上穿出（圖Ⓘ）。把Strawbee連接器的圓頭往下壓平，用膠帶貼好。每個底盤需要八個連接器；這艘船報廢後，這些連接器仍然可以重複使用。

3. 3D 列印馬達艙

如果你有3D印表機可以用，請照以下步驟；如果沒有，直接到步驟4。

3D列印馬達艙有兩個部分：伺服馬達裝進馬達固定座裡，無刷馬達則裝進馬達艙之中（圖Ⓙ）。如有需要，調整一下固定孔的大小，好裝得下馬達。

固定伺服馬達，接到接收器對應的通道。將接收器和電子速度控制器（ESC）放進馬達艙，用雙面膠粘好。記得保留放電池的空間（圖Ⓚ）。

將ESC的線穿過馬達艙的孔，一次一條。

將馬達固定座裝到馬達艙上，用Strawbee固定（圖Ⓛ）。

依你選用的無刷馬達，用馬達的螺絲或其他螺絲固定之（圖Ⓜ）。跳到步驟5。

Erik Thorstensson

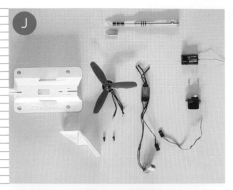

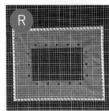

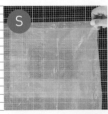

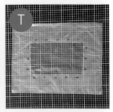

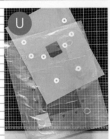

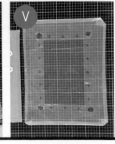

4. 厚紙板馬達艙

如果你沒有3D印表機可以用，也可以自製厚紙板馬達艙。

列印、描圖，用厚紙板剪出馬達艙。小心剪下並依照指示折出形狀（圖**N**）。

照模板上的說明黏合馬達艙（圖**O**）。記得加強馬達固定面，用環氧樹脂或熱融膠固定。

無刷馬達的部分，用厚紙板剪出一塊固定板，用塑膠或木頭強化。這篇教學中我們用一塊木片加強。即興運用手邊有的東西協助組裝馬達艙。只要能讓它的強度足以撐起馬達，並且容易用束線帶固定。

將馬達裝上固定板。我們用的是螺絲，你也可以依照你的設計用其他方式固定。有些馬達附固定裝置。接著用束線帶將馬達固定板固定在馬達艙上（圖**P**）。

5. 製作氣墊

剪掉垃圾袋密封的底部，剪開對折的一邊，張開垃圾袋，你就有一整張的塑膠片。

把氣墊船底盤放在塑膠片上，在距離底盤外緣4～5公分處照描出形狀。這個距離可能根據氣墊船距離地面的高度有所不同，且會影響氣墊船跨越障礙的能力和穩定性。可以實驗看看想要什麼效果。

沿著邊緣貼滿雙面膠。把雙面膠外的塑膠剪掉（圖**Q**）。

在塑膠片中間剪一塊偏移方形，距離外緣大約8公分。這也會決定氣墊船的高度。

現在我們要打出讓空氣從氣墊船下排出的氣孔。沿著中央方形洞邊緣，距離洞邊1.5公分處畫出氣孔的位置，每個氣孔間隔5公分。剪出各個氣孔，使每個氣孔直徑1公分（圖**R**）。你可以改變氣孔的位置和尺寸來做實驗。

撕下雙面膠的表層，準備蓋上另一張塑膠片。儘量讓兩片塑膠片邊緣對齊，減少浪費（圖**S**）。找個朋友幫忙，以免黏到不該黏的地方。接著用手壓，擠出多餘空氣，整平表面。

沿著雙面膠邊緣剪掉多餘塑膠（圖**T**）。

在上面那張塑膠片，紙板到小洞中間，畫出四個直徑3公分的圓（圖**U**）。把圓形剪下，注意不要剪到較下方那片塑膠片。馬達艙的空氣會從這裡出來。比較小的洞位在較下方的塑膠片上。

把氣墊從內往外翻，這樣雙面膠貼住的部分會在內部（圖**V**）。

沿著底盤底面外緣貼雙面膠。把底盤紙板放在氣墊上，對準氣墊中心，往下壓貼固定（圖**W**）。

6. 製作船舵

在厚紙板上描出船舵的形狀。輕摺數次折出摺痕，讓舵可以自由擺動。

用鉛筆打洞，好讓舵可以連接馬達艙和連桿。這裏我們用短舵，因為可以擺得比較快，但是氣墊船也會比較不易控制。你可以輕鬆地用不同的舵做實驗，因為它只透過兩個Strawbee連接器跟船相連。

用4個Strawbee製作兩個厚紙板連接器與連桿連接，如圖**X**。

只要把Strawbee的腳穿過厚紙板，再穿過另外兩個連接器，將腳下壓，就能相接了。將Strawbee的腳往厚紙板壓緊固定（圖**Y**）。

7. 組裝

現在所有零件都準備好了，可以開始組裝了。

> **注意：** 螺旋槳推進器轉速很快，可能會使你受傷。在準備好測試前，先不要連接電池，以免馬達意外轉動。

把馬達艙放到底座上的四個連接器上，再把防護罩放上。用Strawbee從上方固定兩者。將Strawbee鎖到最底，確保每個連接處都緊靠底盤。

在伺服器搖臂上放一個Strawbee，用5公分吸管與伺服器搖臂相連（圖**Z**）。

接另一根吸管到舵頂的連接器。這根吸管要比剛剛那根稍短，我們剪到3公分，但你可以實驗看看不同長度比例的效果，如何能達到你的理想擺動量。

接著再剪一段吸管從舵底相連，形成一個三角形（圖**AA**）。

在三處吸管尾端都插上Strawbee接起來，如圖**BB**。最後一處先暫時放著，待會通電後再接。

讓一條馬達線先不要接上ESC。拿起你的遙控傳輸器，確保所有電子零件極性沒有接反後，接上電池，準備發動。確保你

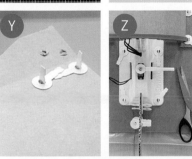

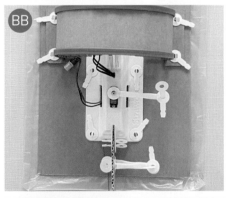

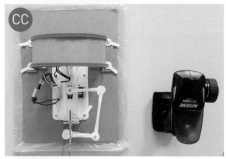

的伺服器搖臂跟馬達艙呈90度，確認動作正確無誤，如果有需要就反過來接。接上最後一根吸管連桿，讓舵與氣墊船完美垂直（圖CC）。

拔下電池，將線接到馬達。你的氣墊船完成了。

使用

» 設定與競賽

現在依照你速度控制器的說明書設定遙控系統。設定好就可以開始比賽了！

這臺氣墊船便宜、快速而且超堅固，可以在時速25英里（40公里）下耐受數次撞擊。就算撞壞了，更換厚紙板跟垃圾袋就能重生。它在平坦表面、柏油碎石和混凝土地上都能跑得很好。

» 升級水陸兩用

只要一點小改造就能讓氣墊船可以跑在水上，但是要注意，要跑在水上就不能用厚紙板。厚的包裝泡綿（圖DD）相當適合。

訣竅與調整

確保氣墊順利充氣。如果太緊，你可以試著把底部塑膠袋撐開一點，讓空氣更容易從四個孔進入。

從慢速開始練習控制氣墊船，再逐漸加速。但請記得一定要在安全的地方跑。

儘管把氣墊、舵、聯桿、防護罩跟氣管改到你喜歡的狀態，簡單又不花什麼錢（圖EE）。祝你從紙板氣墊船的競賽和實驗中獲得無窮樂趣！

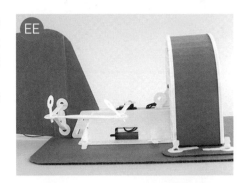

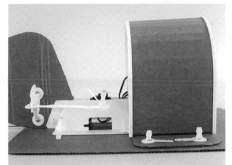

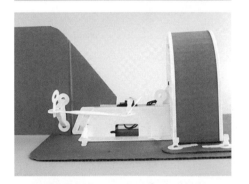

Erik Thorstensson

Building Furiosa's Bionic Arm

芙莉歐莎指揮官的仿生手臂

從《瘋狂麥斯：憤怒道》
獲得靈感，為截肢的Cosplay
玩家製作仿生手臂

文：米雪兒・史莉普　譯：Madison

每隔一陣子就會出現電影角色激發你做只能在白日夢裡做的事。

2015年我認識了Cosplay玩家蘿拉。來自Amplitude Cosplay的蘿拉其左臂經橈動脈截肢，也就是說她沒有左前臂，自出生以來就如此。不害怕透過服裝

米雪兒・史莉普
Michelle Sleeper
住在亞特蘭大，是一位 Maker、藝術家和教育工作者。他專精特效、道具和服飾製作。可以到 msleeper.com 觀看他的作品，或追蹤他的 IG：overworlddesigns。

展示特殊身體的她，很想要一套獨特的Cosplay服裝。我們會搭上線是因為她想要一隻像電影《魔鬼終結者》的內骨骼外露手臂，這根本是我的夢幻作品啊。後來電影《瘋狂麥斯：憤怒道》上映，女主角芙莉歐莎讓蘿拉改變了心意。蘿拉有篇部

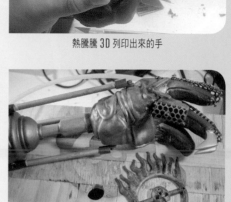

落格文章深入探討以截肢者為主角的表現形式，以及芙莉歐莎這個角色被刻畫得多棒。此外，她獨特的仿生手臂真的超讚，我跟蘿拉馬上決定要把這個手臂做出來。

我做過很多道具和服裝，但這是我第一次製作假手臂，有許多令人興奮的挑戰。不同於太空槍或是電玩武器的高自由度，仿生手臂必須完美貼合她的上臂。所以我們先幫她的上臂做一個人體模型。我用便宜且容易取得的海藻酸鈉做模型，再用石膏複製這個模型。

為了做出完全適合蘿拉的3D模型，我們用石膏模型和攝影測量軟體製作一個3D掃描檔。用人體模型產生3D檔遠比直接掃描蘿拉理想，因為人在掃描時幾乎無法完全不動。石膏模型也成為蘿拉的完美替身，畢竟我在工作時必須一直試戴，不可能讓蘿拉一直待在我的工作室。

數位模型完成，盡我們所能達到「從螢幕上看起來精確」的程度後，我們把它寄給3D列印服務供應商。許多精細的元件是用真實的物體鑄造而成，如綁在前臂柄上的扳手，其他元件則是用壓克力雷射切割，再熱塑成形。接下來的表面處理工作幾乎都是一般標準程序了，所有東西都打磨上漆完成後，就要讓蘿拉親自戴上。

電影裡看到的手臂是實體和數位效果的結合（電影裡只有一幕整隻是實體！）既然現實生活中不可能加上特效，我們必須在精確（近似實際電影道具）跟實際可穿戴之間找個平衡點。憑著幾個關鍵鏡頭，我們掌握到這個道具是怎麼穿戴的：許多皮帶纏著芙莉歐莎的手臂直到肩膀，再到腰帶。我們的成品效果很好，平常不戴義肢的蘿拉都說戴起來很舒服。

Cosplay活動當天我把道具交給蘿拉，也見到完整的裝扮。芙莉歐莎手臂看起來棒極了，許多來參加的人都不禁仔細端詳，想知道蘿拉是怎麼把她真的手臂給藏起來的，就連謎底揭曉了都還有不少人不相信。不過真實是美好的：一隻道具手臂，能賦予一位特別的Cosplay玩家力量。◙

用人體鑄模製作蘿拉的手臂模型

熱騰騰 3D 列印出來的手

初期打磨、填充和澆鑄中的假手

完成的仿生手臂，準備在荒蕪大地上戰鬥

用真扳手製模澆鑄成的道具扳手！

製作皮腰帶前先讓蘿拉試戴

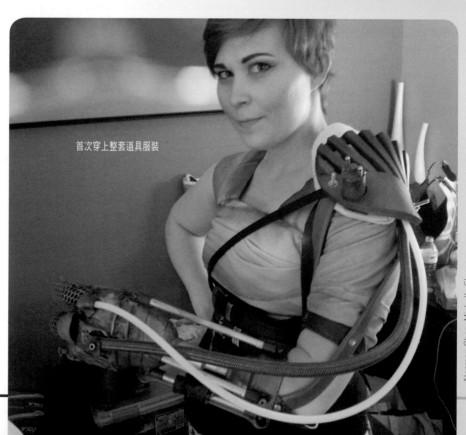

首次穿上整套道具服裝

Norman Chan, Michelle Sleeper

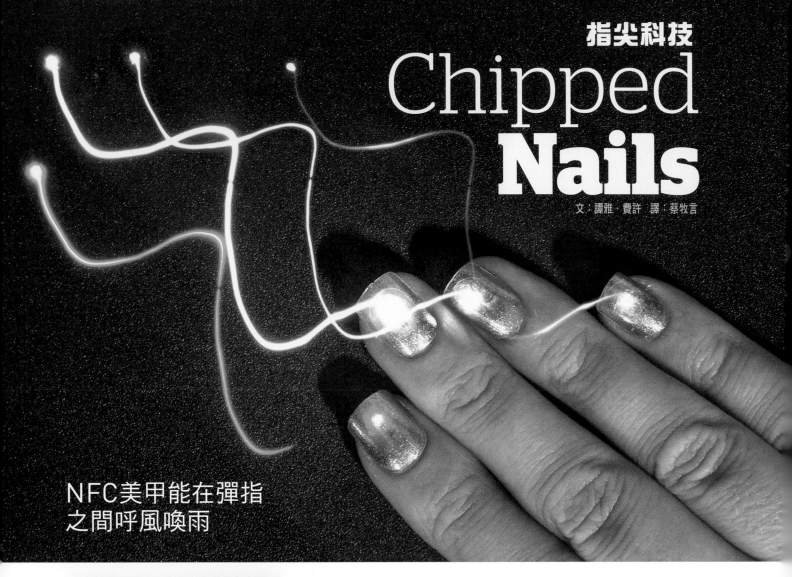

指尖科技
Chipped
Nails

文：譚雅・費許　譯：蔡牧言

NFC美甲能在彈指 之間呼風喚雨

譚雅・費許
Tanya Fish
一位創作狂。過去在英國學校教導數學和物理，痛恨紙上談兵。現在是 Pimoroni 團隊成員之一。為學校和工作坊提供學習教材，也利用雷射切割製作各種東西。

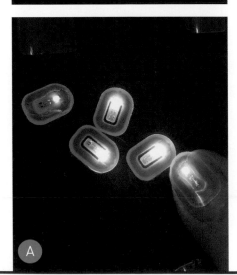

A

數十年來，美甲技術不斷地推陳出新。從一百年前發明以纖維素為原料的指甲油、後來的塑膠薄型美甲片，到現今隨處可見的壓克力顏料雕刻指甲，現在也該是時候讓指甲邁向高科技了。

在一場網路安全巡迴研討會中，Baybe Doll（也就是艾蜜莉・米切爾）就曾請過美甲師將小型可讀寫裝置，嵌入至她的水晶指甲中。但當時這種技術還未普及，而就算普及，看起來也很笨拙、不夠精巧。

NFC（近場無線通訊）標籤是很棒的解決方案，因為它體積小、由周遭磁場供電，根本不需要電池。我第一次嘗試裝在指甲上的標籤，是在一家零售商店的供應商買的 NXP Mifare Ultralight C NTAG213（購買商品如果沒有消磁就走出店門會觸發警報，原因就是它），尺寸比我現在使用的還要大。

後來我上網尋找較小的NFC標籤和LED，嘗試了各種組合後決定使用 NXP Mifare Classic 1K，寬僅9毫米，而且容量驚人。

主要的困難是洗手或洗澡時，要如何保護裝在指甲上的標籤跟 LED。在上面塗顏料其實有用，但會讓表面不平滑；請美甲師把標籤嵌入雕刻指甲裡也不便宜。以下的DIY方法花費較低又可行，如果謹慎處理還能重複使用。

打造專屬於個人的 NFC/RFID 指甲

1. 將準備好的指甲貼（上面已備有NFC晶片或LED），利用貼片本身的黏膠或是甲片膠黏在你的手指甲上（圖**A**）。

2. 將甲片黏在上面（圖**B**），然後進行彩繪。或請美甲師在上面雕刻水晶指甲。

或是自己DIY：我利用水晶溶劑和壓克

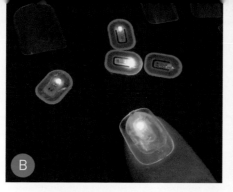

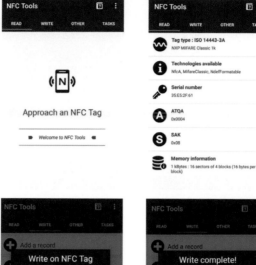

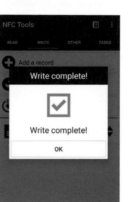

Sandy Macdonald, Tanya Fish

時間：
1小時

難度：
簡單

成本：
15美元

材料

» **10 個 NFC LED 指甲貼片和（或）NFC 標籤** 你可以在 Pimoroni 購買，每個約 1 美元（pimoroni.com），或是在其他平臺一次大量買入，會比較便宜

» **水晶指甲或假指甲貼片** 你可以自己做水晶指甲，不過請美甲師幫忙可能會比較好

» **甲片膠**

» **指甲油**

可選用：

» **水晶溶劑（甲基丙烯酸甲酯）和壓克力粉（聚甲基丙烯酸甲酯）** 如果想自製水晶指甲才需要

工具

» **指甲銼**

» **櫸木棒** 或各類木棒，如烤肉用串肉桿

» **高速刻磨機** 例如一臺 Dremel 刻磨機

» **水彩畫筆**

» **Shot 酒杯**

力粉製成可塑型的壓克力球，能使標籤表面更平滑，用指甲銼把它修飾到理想形狀後再進行彩繪。使用指甲銼時注意不要磨到零件；如果零件不小心跑出來，表示你的水晶指甲不夠厚。

3. 開始編寫指甲貼的程式（圖 C），利用 NFC Tools 或 NFC Tasks（可從 Google Play 應用程式免費下載）。

iPhone 手機無法使用以上軟體，如果你的手機不支援 NFC，可以利用 Adafruit 所提供的 Raspberry Pi 和 BeagleBone Python 函式庫，搭配它們的 PN532 開發板來操作。

發亮！

現在可以利用你的無線指甲來觸發手機或自製 NFC 裝置上的任務（圖 D）。

或是用你的 LED 指甲持著 NFC 卡靠近讀卡機，LED 發光即代表卡片被讀取（圖 E）。

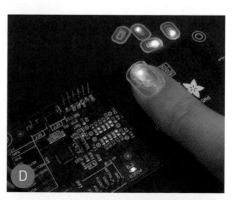

指甲變身行動錢包？

我很好奇指甲還能嵌入哪些玩意，所以我把一張信用卡泡在丙酮裡來取出裡面的晶片。過程蠻麻煩的，但最終還是成功取出晶片了。這樣一來出門就不用帶錢包了，反倒是為了防止資料不小心被別人讀取，我可能得套上頂針再出門！

搭配印刷電路板

我想讓我的指甲結合更多科技。最近我在研發柔性印刷電路板，可以裝在指甲上，由配對的手環供電。✐

卡里布·卡夫特
Caleb Kraft
《MAKE》資深編輯。
投入學習新技能的時
間太久，久到足以體
會真正的工藝家多麼
有才華。

文：卡里布·卡夫特　譯：編輯部

Reverse Engineering Furniture 逆向工程做家具

用便宜的CNC版本向大師級世紀中期現代主義風書桌致敬

(A)

有時候人總會被一堆照片裡的東西吸引住，然後心想「我一定要得到它！」而我不經意發現的這張書桌圖片（圖Ⓐ）就給我這種感覺。它是由赫爾穆特·梅格（Helmut Magg）在1950年代所設計的書桌。我認為這項設計不僅漂亮又簡約，又適合我家的世紀中期現代主義風格。

不過還有一個問題。好吧，是兩個。這個書桌已經有好幾年沒有出產，而少數有販售的都要價數千美元。我最討厭花錢買東西，而且我知道自己對家具要求很高

（我的貓也是）。我根本不想讓這高貴的家具進入家門。

那要怎麼辦呢？當然是利用逆向工程，好讓我能自己做書桌，向赫爾穆特致敬。於是我瀏覽了他公開的少數幾張書桌照片，並著手一系列動手做計畫。

觀察作品的細節

我開始研究梅格書桌的照片。而且我知道書桌的側面正是我想要的效果（圖Ⓑ）。書桌前緣的曲線以及彎曲至後方書架的線

時間：
一個週末

難度：
中等

成本：
55～75美元

材料

» 外觀級合板，厚 3/4"，大小 4'×8'
» 木釘
» 木工膠
» 木材用表面漆 我使用 Polycrylic

工具

» CNC 雕刻機
» 電腦
» 切割檔 可至 makershare.com/
projects/mid-century-modern-
writing-desk 下載圖檔並依個人需求
修改
» 手搖鑽和砂紙
» 木釘夾具（可選用）

條，實在深得我心（圖C）。

我仔細觀察木材的紋理來試圖了解它的構造方式。

我仔細尋找有無明顯的接合處，看能不能找到「破綻」。有找到斜孔或是鳩尾榫嗎？都沒有，一無所獲。

理想的方法，就是將整個書桌一一拆解來看看它是如何建造的。不過如果我早就有這張桌子，那何必做這些事呢。

設計前的構思

我自認不是個厲害的家具工匠，因此我的設計必須在自己的技能範圍內。雖然我自己是用手邊的CNC雕刻機，不過你也可以用線鋸機來切割整個輪廓。頂多線條不是很筆直就是了（如果你跟我一樣不靈活）。

» **桌腳**：梅格書桌的桌腳有令人驚艷的流動木紋視覺效果，從底部一路延伸至頂部。很明顯桌腳部分是由兩塊側板併成，讓木紋延伸至中間處並交錯。我太想要這種效果了（圖D）。即使我知道只要各切一塊側板做桌腳就好了，但我還是照他的作法切兩塊側板，再用木釘將它們併在一起（圖E）。（Tormach銑床上的正巧就是我自製的木釘夾具，我是參考大衛·皮奇奧多（David Picciuto）的影片製作）。

» **抽屜**：書桌的正前方設計了一個小抽屜。不過老實說，我認為我不需要抽屜，所以把整個抽屜設計都省掉了。

» **桌面和書桌架**：這些都是簡單的長方形。我可以測量好尺寸，並用桌鋸切割出來，然後再用檸檬片榫接片（biscuit）或木釘將其接合。這個作法需要仔細測量。

不過就如我剛才所說，我有CNC雕刻機！所以我利用Autodesk Fusion360的功能為這些要平放的木板製作暗榫接合。

現在，我承認自己直到坐下來撰寫本文前，都不知道它們的名字。我以前都把他們稱作「斜孔」，而斜孔在木工領域中有著完全不同的意思。暗榫是指一塊木材的榫頭（榫）會穿入另一塊的榫眼（卯）來完成接合。暗是指榫頭不會貫穿木材，所以會形成一個隱密接合。所以我的書桌會像梅格的設計一樣，外觀完全看不到任何接合處。

成果

待我好幾次確認設計沒問題後，我買了一張³⁄₄英寸楓木合板，讓雕刻機操作設計檔案。令人驚訝的是，過程中一切都很順利。快速測試密合度後，我只需要稍微打磨榫接處，去除多餘的材料就能完美接合。

設計缺失

我唯一遇到的問題，就是設計時忘記為書桌架加上榫眼了，導致之後的檢查都跳過了這個明顯的疏忽。為了補救這個疏失，我把那些榫頭（也就是會穿入榫眼的榫頭）都裁切掉，直接將書桌架黏上去。

設計者怎麼看？

現在這張書桌已經放置在我的辦公室裡了，而且我經常使用它。我蠻喜歡它的設計美感，同時很得意自己能夠辦到。如果我要改進這張書桌，我會在後側桌腳多加一個橫檔來減少木板結構產生的搖晃。

我很好奇原設計師本人對這張桌子的感想。很榮幸？被逗樂了？還是火冒三丈？以前世紀中期現代主義設計的核心理念，就是要讓新機器能夠製作、同時可以量產。而我的業餘CNC版本就像上述理念的演化。難過的是，梅格已於2013年逝世，答案永遠無從得知。

想知道更多卡里布的世紀中期現代主義風書桌（和木釘夾具），請前往 makezine.com/2018/03/02/mid-century。

Caleb Kraft

時間：
一個週末

難度：
中等

成本：
100～120美元

材料

- 20 Gauge 銅板（厚 0.0217"），24"×24"
- 水管用無鉛銲錫，1大湯匙 我推薦使用無鎘、符合食品安全的焊錫，像是 Stay-Brite 8 或 Bridgit
- 無鉛、水溶性水管焊接助焊劑（flux），像是 Bridgit
- 軟銅管，¼"，一卷 20'
- 矽氧橡膠塞，型號 #7
- 高溫型矽利康密封劑，1管（選擇性）
- 黃銅機械螺絲，十字頭螺絲，#8-32，長度 ¼"（13）
- 黃銅螺帽，型號 #8-32（13）

工具

- 間距規
- 金屬劃線器
- 360 度量角器
- 直尺
- 丙烷噴燈
- 助焊劑用刷子
- 萬能鉗，中型（2），如 Vise-Grips
- 航空剪 我建議慣用右手的人逆時針裁剪時使用紅色握把的剪刀
- 小鎚子
- 銼刀
- 砂紙，顆粒粗細中等
- 硬紙管，直徑 8"，長度 1'
- 電鑽，搭配 ³⁄₁₆" 及 ¼" 鑽頭
- 十字螺絲起子
- 細字永久麥克筆
- 夾具，4"（2）
- 皮革手套和護目鏡

拉齊《祕方的祕密》及現代蒸餾器的發明

Zakariya Al-Razi, the Secret of Secrets, and the
Invention of the Modern Still

親手打造蒸餾精油或酒精的耐久裝置

文：威廉・古斯特爾 繪：彼得・斯特林 譯：Hannah

蒸餾（Distillation）是每個化學家都通曉的淨化技法，每種化合物的沸點都不盡相同，化學家可操控熱度，將想要的物質從其他物質中分離出來，舉凡蒸餾水、乙醇到汽油，我們使用蒸餾設備取得各式各樣的物質。

雖然蒸餾技術自遠古時期就已存在，現代的蒸餾過程卻是源自中世紀的伊斯蘭煉金術師，其中拉齊（Zakariya Al-Razi）更是技蓋群雄，他是10世紀的波斯煉金術師、醫生和哲學家，許多歷史學家一致認為，拉齊是設計並提出現代科學蒸餾基礎的開山祖。

拉齊（Razi，在西方亦稱為Rhazes或Rasis）那題名令人振奮的手寫稿《祕方的祕密》，內文詳細介紹了有效蒸餾各種物質所需的設備、化學物和技巧，他蒸餾出的物質包括煤油、酒精以及植物精油。雖然在此之前已有別人提出蒸餾方法，但拉齊是第一位提到使用鍋爐（qar'a）、蒸餾設備（anbiq或alembic）及液體接收器（qabila）作為現代蒸餾設備之三大組成部分的人。

在這個「歷史重現」（Remaking History）專欄中，你將跟隨伊斯蘭黃金時代裡拉齊的腳步，打造出一個初階的銅製罐式蒸餾器，這個器具可蒸餾出許多物質，有了它，你就可以製作出淨化水、玫瑰水、薰衣草等精油，甚至還能產生乙醇（酒精），這些正是拉齊當時發現的物質。

1. 裁切各部件

使用直尺、金屬劃線器和間距規在銅板上畫出所有矩形部件的裁切線，如圖 Ⓐ 的裁切圖所示。戴上手套，用航空剪裁下各部件，再將切割邊緣磨平。

> **小心**：進行金屬板加工及焊接時，請戴上護目鏡及手套保護眼睛與雙手，若未採取適當的安全措施，很可能會導致燒傷或割傷。

使用量角器、直尺、間距規和金屬劃線器畫出鍋爐結構呈披肩狀的部件，如裁切圖及圖 Ⓑ 所示。用剪刀裁下鍋爐披肩狀的結構，再將邊緣磨平。同樣地，畫出蒸餾

威廉・古魯斯特爾
William Gurstelle
以此雜誌專欄內容為基礎，寫下系列新書《歷史重現》（Remaking History）（暫譯），可於 Maker Shed 網站 makershed.com 購得。

器呈披肩狀的部分，如裁切圖所示，裁下後磨平邊緣。

2. 製作鍋爐

使用硬紙板管作為模板，將 8×24 英寸銅板彎曲成圓柱體，取下紙管後，將銅板兩邊緣交疊 1/2 英寸，用夾具固定，再進行接下來的兩個步驟（圖 Ⓒ）。從距離底部 1/2 英寸處開始，沿著銅板邊緣每 1 英寸鑽一個 3/16 英寸的孔，孔深 3/16 英寸。

將 #8 機械螺絲鎖進各個孔內（圖 Ⓓ），鎖緊內部螺帽，再移去固定夾具。

銅板交疊處塗上助焊劑，用丙烷噴燈加熱金屬，溫度夠熱後再焊起接縫處。請至 youtu.be/co5qlvGkQIs 參閱焊接銅製鍋爐的示範影片。

將銅柱置於 8 英寸方型銅板中心，把圓柱的輪廓描繪到方板上，自輪廓線往內量 1/8 英寸，再畫另一個圓。用剪刀裁下以圓柱體輪廓所繪的那個圓圈（裁下外圓線，不是內圓線）。

用虎鉗從剛畫內圓線的地方夾住銅片，彎曲折成焊接口（圖 Ⓔ），這動作最好分兩次，以避免彎折銅片時太用力。

把作為底部的銅片放進圓柱，用鉗子調整底部的焊接口，讓銅片與圓柱吻合無空隙（圖 Ⓕ）。

接縫處塗上助焊劑進行焊接，若有任何空隙請再次用鉗子使之閉合（圖 Ⓖ）。

小心地將鍋爐披肩狀的部分彎折成 Ⓗ 所示的形狀，銅板邊緣重疊 1/2 英寸，這塊部件可能需要稍微施加點力道，才能呈現完整的圓弧狀，調整成滿意的形狀後，請用虎鉗夾住部件，將其固定在位，以利完成下一個步驟。

在鍋爐披肩狀的部件上鑽三個 3/16 英寸的孔（圖 Ⓗ），深 3/16 英寸，放入 #8 機械螺絲及螺帽，接縫處塗上助焊劑後進行焊接。

將披肩狀部件放在鍋爐圓柱壁上，以鍋爐壁面為準，在披肩狀部件上標記 1/8 英寸的突出部分，再用鐵皮剪裁去多餘的部分。請用虎鉗彎曲焊接口，使之與鍋爐壁平行（圖 Ⓘ）。

將披肩狀部件蓋在圓柱體壁面上方，用鎚子輕輕敲打銅板，如此披肩狀部件及鍋

裁切圖（未按比例）
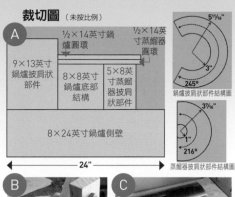

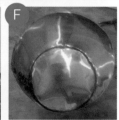

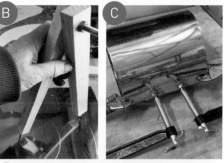

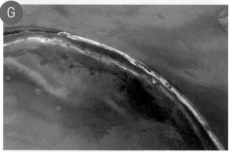

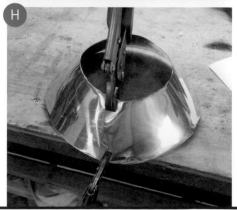

William Gurstelle

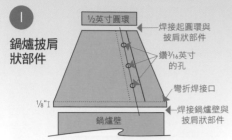

鍋爐披肩
狀部件

½英寸圓環

焊接起圓環與
披肩狀部件

鑽³/₁₆英寸
的孔

彎折焊接口

⅛"⊤

焊接鍋爐壁與
披肩狀部件

鍋爐壁

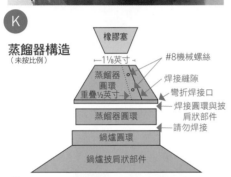

蒸餾器構造
（未按比例）

橡膠塞

1⅛英寸

#8機械螺絲

蒸餾器
圓環
重疊½英寸

焊接縫隙

彎折焊接口

焊接圓環與披
肩狀部件

蒸餾器圓環

請勿焊接

鍋爐圓環

鍋爐披肩狀部件

爐壁之間就不會有太大的間隙，塗上助焊劑後，將鍋爐壁和披肩狀部件焊接起來。

將½×14英寸長條小心彎折，形成圓環，大小要和鍋爐披肩狀部件的上開口吻合，並留½英寸相互重疊，其餘部分則裁掉，塗上助焊劑後，將長條焊接成環。

將圓環置於鍋爐披肩狀部件的上方開口，塗上助焊劑，將圓環與披肩狀部件焊接起來，如圖 J 所示。

3. 製作蒸餾器

蒸餾器與鍋爐是分開的，以便蒸餾器內部清潔，兩個部件透過兩個大小吻合的圓環連接，其中一個圓環位於另一個之內，你已經在鍋爐上焊接一個圓環了，另一個要焊接在蒸餾器上。這是兩個可相互滑動的圓環，交接處並沒有焊接起來（圖 K）。

將蒸餾器披肩狀的部件彎曲，形成截圓錐，邊緣重疊½英寸，上開口應為1⅛英寸，如果不是這個大小，請重新調整錐形，你可能需稍微施加點力道，才能有完整對稱的圓弧。

注意： 必要時可用鐵剪將開口修剪為11/8英寸。

請用虎鉗將披肩狀部件固定在位，距接縫邊³/₁₆英寸處，鑽兩個³/₁₆英寸的孔，兩個孔距離頂部和底部邊緣各½英寸，再用剩下的 #8機械螺絲和螺帽固定，完成後再把接縫焊接起來。

小心地彎曲另一個½×14英寸長條，形成一個圓環，此圓環需位於鍋爐披肩狀部件上的圓環內，並與之緊密貼合，留½英寸作為重疊的部分，其餘部分切掉，接著再將其焊接成環。

將蒸餾器的披肩狀部件置於圓環上方，用麥克筆劃記圓周，使用虎鉗折出焊接口，你會發現，若每隔一段距離就剪個切口，折起來會更容易（圖 L），使用虎鉗夾平任何較大的縫隙，然後將圓環焊接到蒸餾器披肩狀部件上，圖 M 為蒸餾器和鍋爐成品。

4. 裝上盤管冷凝器

在#7矽膠塞上鑽一個¼英寸孔，將¼

英寸軟銅管的一端插入孔中，然後將其餘的銅管彎曲成近似螺旋狀。

將塞子放進蒸餾器開口（圖 N），必要的話，使用虎鉗和銼刀為蒸餾器開口塑形，讓塞子可以緊貼密合。

5. 漏水偵測

將蒸餾器裝滿水，測試是否有洩漏，若有任何漏水點，請重新焊接或使用高溫密封劑來修復。

恭喜！你的蒸餾器完成囉！

開始使用

你的罐式蒸餾器容積大於1加侖，很適合用來製作各種小型的蒸餾專題，像是製作超純水、玫瑰油、薰衣草等精油，還可製作出少批量的酒精燃料。一切取決於你選用的蒸餾物質。此外，你可能需把銅製冷凝盤管放入冷水裡，以便冷凝蒸餾出的物質。

小心： 水管用焊料在華氏400度左右就會熔化。請使用電烤盤，別開火，也千萬別在蒸餾器內沒有水時加熱，否則焊接連接處可能會熔化。

有很多非常棒的書在說明如何使用這種蒸餾器產生精油、淨化水或酒精，閱讀後請依照指示操作，並留意你所在當地的法律規定，好好享用自己生產的東西吧！●

放開那相機
文：貝琪・史登 譯：張婉秦

Hands-Free Photography

操控DIY腳踏快門遙控器，在記錄專題時幫雙手的忙等於幫自己的忙！

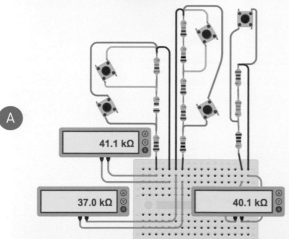

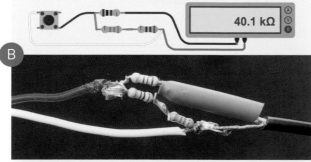

我很常使用桌面高架攝影拍攝雙手，所以一個腳踏快門遙控器絕對是必需品！Canon遙控器可以直接拿來DIY，但是Panasonic/Lumix GH5（我的相機）遙控器內有一些電阻，讓它有點複雜。

我在 doc-diy.net/photo/ remote_pinout 搜尋，果然，開關接點有高達約41.1千歐姆（41.1K），而當開關讓電阻降到約2.2K就會觸發快門。複製一個並不困難：串聯電阻可以累加電阻值，而且我的實驗證明跟電阻值有一些差距也可以成功（嘗試你能做出最接近的數值）。

圖 Ⓐ 中左邊的電路是理想的41.1K組態（加上額外的「半按」焦距按鈕，但我沒有包含在這次的製作中），不過我的材料中沒有跟這些完全一致的電阻（2.2K、2.9K，以及36K）。中間跟最右邊的電路是我實驗成功的麵包板。我選擇打造右邊那個：2K＋33K＋5.1K＝40.1K。

將腳踏開關電線，以及2.5mm公接頭TRRS電線的絕緣層剝除2末端英寸，然後用萬用電表檢查是否通電，並識別所有的電線。修剪不需要的電線：GH5的遙控器只用到套筒與接環2，沒有接環1或是尖端。

然後將電路焊接在一起：2K的電阻器接上遙控器正極的電線（黑色）；腳踏開關電線接上2K電阻器跟遙控器負極的電線（銅線）；最後串聯33K跟5.1K的電阻，如圖 Ⓑ 連接中間的缺口。別忘了焊接之前，要將開關電纜加上一大塊熱縮套管！

接著測試電路以確保開關能觸發照相機的快門。我第一次做的時候，搞混了開關的電線，所以必須要調整。如果快門遙控器可以運作，用熱縮管套住電路並密封起來（圖 Ⓒ）。

你會用腳踏快門遙控器拍攝什麼不需手來拍的作品呢？ ◐

時間：
1～2小時

難度：
簡單

成本：
10～20美元

材料
» **腳踏開關** Adafruit #423，Amazon# B01D8EHD1S，或是 Aliexpress #MKYDT1-201
» **四芯導線（TRRS）2.5mm 公接頭** 我從自己的 micro 音源線剪下，Amazon #B00FHBXL94。TRRS 指的是四個接觸點（尖端、接環1、接環2、套筒）。
» **電阻：2.2kΩ 或 2kΩ（1），加上其它的直到總和為 38.9kΩ** 我使用 2kΩ、33kΩ，以及 5.1kΩ，不過其他組合同樣可行。
» **熱縮套管**

工具
» 萬用電表
» 熱風槍或打火機
» 護目用具
» 烙鐵與焊錫
» 剝線鉗
» 斜口鉗
» 第三隻手（焊接小幫手）

Becky Stern, Tinkercad Circuits

貝琪・史登
Becky Stern
Instructables 的內容創作者，也是上百個教程的作者，從微處理器到編織。曾為之前，她是擔任《MAKE》影片製作人，以及 Adafruit 穿戴電子裝置的導演。她也在這一期撰寫了「If This Then That」一文（28 頁）。

[+] 可至 instructables. com/id/GH5-Foot-PedalShutter-Remote了解更多。

Altered Apparel

文、攝影：莉莎‧梅卡姆 譯：蔡牧言

服裝改造

緞帶及雞眼扣就能讓簡單的毛衣充滿態度

時間：
1小時

難度：
簡單／中等

成本：
5～7美元

材料
» 毛衣
» 聚酯纖維布 用作內襯
» 雞眼扣組，內徑 ½" 例如 Dritz #44389
» 一卷緞帶，寬度 ½"

工具
» 裁縫剪刀
» 粉片及尺
» 基本款縫紉機
» 鎚子
» 珠針

莉莎‧梅卡姆
Lisa Mecham
白天經營時尚 DIY 部落格、晚上則與她的四名孩子進行五花八門的專題。你可以到她的網站，瀏覽更多關於服裝改造及 DIY 的專題：
CreativeFashionBlog.com

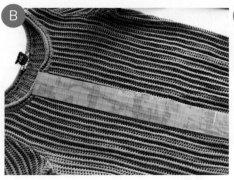

緞帶真的能為一件普通針織毛衣的造型加不少分，而比起露肩款，綁帶式毛衣仍可為你提供保暖效果。你只要依照以下方法改造套頭毛衣，就可以自己做一件。

1. 製作內襯

首先剪下一小塊長方形的布料，大小至少要能夠覆蓋毛衣的領口。將長方形布料疊在你的毛衣上，利用剪刀沿著領口裁剪，使兩者形狀相符（圖 A）。拿起內襯，並放在一旁備用。

> **提示：**確保你用作內襯的布料，長度超過毛衣綁帶部分 2 英寸。如此在製作完成後，更容易使成品保持平整。

2. 測量綁帶部分

決定好毛衣綁帶部分想要的深度。由領口向下，用粉片在毛衣正面畫線（圖 B），這在處理布料時可作為依據，協助你判斷其是否脫線。

3. 縫紉及裁剪毛衣

用縫紉機從領口中央開始縫（圖 C），沿著畫好的線的右側向下、越過尾端再順左側往上，形成一個細長的長方形。如此在剪開厚重的針織毛衣時會更順手，避免紗線及縫線鬆脫。

現在，沿著畫好的線將毛衣剪開（圖 D）。

4. 縫上內襯

再一次將內襯疊在你的毛衣上（彼此面向要正確），並沿領口用珠針固定。順著毛衣剪開的部分，也將長方形的布料剪開。同樣地，確保你的內襯長度超過毛衣剪開的部分下方 2 英寸。

回到你的縫紉機，將內襯縫在毛衣上（圖 E）。從領口其中一端開始，沿開口一路向下，回到開口對側再止於領口另一端。將內襯翻進毛衣裡面。

5. 敲敲打打雞眼扣！

我從領口開始往下測量 1 英寸的距離，裝上第一個雞眼扣（圖 F）。接著我每隔 2 英寸打孔，並用鎚子將雞眼扣裝好（圖 G）。你可以將毛衣對折，用珠針把兩側成對的雞眼扣位置標示清楚以利製作。

> **提示：**雞眼扣工具組是最簡單的選擇，不只滿足你在這項專題中需要的工具，還可避免將金錢浪費在不需要的地方。我使用的工具組價錢還不到 9 美元，且包含尺寸相符的眼扣鉗及充分的雞眼扣，足以完成你的專題。

接著穿過漂亮的緞帶（圖 H），大功告成！

布料愛好者天堂
關於如何改造一件普通的棉製毛衣，PINTEREST 當中充滿了各式各樣的教學，而在此同時，我則想設計一個引領你認識一些簡單手法的教學，即使是更複雜的布料也處理得了，例如厚重的針織或編織鬆散的布料。如此一來，不管面對哪種織物，你都可以創造出自己想要的完美造型。

原子筆彈珠檯
Ballpoint Penball!

意想不到的低成本玩具DIY

文、攝影、繪：鮑勃·納茲格　譯：屠建明

時間：
一個週末

難度：
簡單

成本：
10～15美元

你需要的材料：
- » 1 支
- » 按壓式原子筆（不用錢！）
- » 1 顆彈珠
- » 較輕的紙板或薄紙片
- » 苯乙稀板 可於美術用品店購買
- » 鉛筆、美工刀、直尺
- » 電鑽 搭配 1/8" 鑽頭
- » 黏膠
- » 裝有 MEK 溶劑（甲乙酮）的溶劑瓶

鮑勃·納茲格
Bob Knetzger
一名設計師／發明家／音樂家。他製作的得獎玩具曾登上《今夜秀》、《夜線》和《早安美國》等節目。他的著作《動手製作趣！》（Make: Fun!）（暫譯）可於 makershed.com 或美國各大書局購買。

按壓式原子筆無所不在：無論是銀行、診所，或是任何需要填表格及簽名的地方都會出現。快拿起一支不用錢的原子筆，動手做個好玩的桌上遊戲：原子筆彈珠檯！

動手做

用原子筆的筆芯做為彈珠發射器的活塞，按鈕當作發射端，並用壓縮彈簧為彈珠提供發射力量。依圖所示重組零件，並丟掉凸輪和筆身（圖Ⓐ與圖Ⓑ）。將筆蓋接上剩下零件，並將筆夾固定於遊戲檯。

從 makezine.com/go/ballpoint-penball 下載模板，然後用膠板製作遊戲檯零件。切割零件時，用美工刀沿直尺劃開（圖Ⓒ），接著向後折彎，它就會沿著劃開的線整齊斷開（圖Ⓓ）。接著切割出遊戲底板及數條彈珠軌道隔板。

用鉛筆在遊戲底板上輕輕畫線以配置彈珠軌道。取一個軌道板並放置定位，標記其所需的長度（圖Ⓔ），接著割開並折掉

多餘長度。

將切割好的軌道板垂直立在軌道上，拿MEK溶劑瓶在連接處滴上一滴，MEK會沿著接縫流動（圖 **F**）。小心翼翼地保持軌道板不動並等待數秒，等溶劑的黏合處硬化即可。

繼續黏貼剩餘的彈珠軌道隔板（圖 **G**）。轉角接合能增加強度。檢查軌道的間距，確認彈珠可以順利通過。

最後，在背面裝上支架，讓遊戲底板呈現斜角（圖 **H**）。

安裝發射器的部分，將筆夾和一小塊膠板相黏。並在軌道起始點鑽出 1/8 英寸的孔（圖 **I**），讓筆芯能通過，但彈簧不能通過。

將發射器裝置放入定位後（圖 **J**），將其適度向下移動，好讓彈簧稍微壓縮，但仍有許多空間當發射軌道；找到最佳位置後，用溶劑將膠板條黏至軌道上。待黏合處完全固化後，試射發射器。如果有需要調整，就將發射器拆下、重新調整位置，然後再黏一次。只要小心拉下筆芯「活塞」，你就能控制發射力道並將彈珠瞄準射進上方任何軌道，就像真正的彈珠檯遊戲。

用薄紙片做出 MAKE 字樣的四個標靶（圖 **K**）。修剪後並檢查標靶，因為標靶被滾動的彈珠推動時要能輕易從軌道往下滑動（圖 **L** 及圖 **M**）。

更多玩法

把所有標靶放置在軌道頂端並放入彈珠。做為簡單的單人遊戲時，可以嘗試用最少發彈次數擊中 4 個標靶，所以以 4 發就是最佳分數了。也可以用計時模式來提升刺激感，看你可以多快擊中所有標靶呢？如果是雙人遊戲，可以輪流發射，但是只能瞄準自己的標靶（例如，一人瞄準「母音」，另一人瞄準「子音」，有點像撞球裡花色球和單色球的遊戲）。來制定自己的遊戲規則吧！ ◢

[+]更多原子筆彈珠檯的模版、影片和詳細內容，請至 makezine.com.tw/toy-inventors-notebook-ballpoint-penball。

Corinne Elicone Insta: @Soundaffects

凱特·查普曼
Kat Chapman
美國加州大學農業合作推廣部，聖地牙哥地區的園藝專家。自2000年以來，她長期志願投入於校園及社區園藝計畫，詳見：mastergardenersd.org。

Squarely Rooted

方格種植 小菜園大產量的格子魔法 文：凱特·查普曼 譯：蔡牧言

家庭式菜園的風潮無疑又再次吹起，而一米菜園（Square Foot Gardening）非常有趣，不論人們擁有多少可供種植的空間，都能最大化蔬菜的產量。一米菜園的作法，是將木頭或細繩橫跨在架高的苗床上，劃分出數個單邊長12英寸的方形（這也是名字的由來），並依據各類蔬菜的大小及空間需求，在各劃分區域中種植單種、不同數量的蔬菜，例如16株歐防風（Parsnip）、9株青蔥、4株蝦夷蔥（Chives）等等。新手園丁也能充分利用自己擁有的空間，是個簡單的概念。

共伴植物

生長在同一片土壤的植物，可根據一些推薦的組合，利用彼此的兼容性強化種植效果（這對一米菜園之外的種植法也是同樣有效的）。番茄、茄子、羽衣甘藍、甜椒、黏果酸漿（Tomatilo）、馬鈴薯（每個方格中各種一樣菜），這些植物不僅能互利，水分需求量也相同。

更好的苗床

使用架高的苗床有很多好處：
» 不會佔用太多空間。
» 你可以使用自己選擇的土壤，自由搭配肥料成分。
» 因為苗床周圍是框住的，所以水分消耗得更少，多餘的也容易排出，避免根部腐爛。
» 蟲子、蛞蝓和其他小傢伙會更不容易吃到你的菜。
» 雜草更不容易紮根，也更容易拔除。

在製作苗床時，將細格子的金屬網鋪在底部（別用養雞的那種菱形網），防止地鼠闖入。簡單的滴灌系統可減少澆水的時間，並避開葉子而直接使土壤濕潤。

農作教學

網路上有大量的應用程式及資訊，能協助你打造出符合自己想法的菜園。growveg.com/guides/categories/square-foot-gardening網頁上有種植箱的製作教學，還有詳細表列各種蔬菜的種植間距；vegetablegardeningonline.com則提供了一個拖放式設計工具，方便你規劃菜園的格局；或是參閱growingplaces.org/wp-content/uploads/Raised-Bed-Garden-Methods.pdf，其中有很棒的共伴植物清單。祝你好運！ ◐

1+2+3

吸管雙簧管

文：麥特·史特爾茲
攝影：恩里科·斯帕多尼
譯：蔡牧言

孩子吵著要滑手機，或發起「我好無聊」的牢騷時，就拿這個色彩繽紛的小創意來滿足他們。用飲料吸管製作簡易管樂器，一起組個夏日管樂隊吧！

1. 摺吸管

將吸管尾端緊緊地捏扁，使尾端兩側產生 1 英寸左右的皺褶。

2. 修剪尾端

在吸管尾端捏扁的部分，依照摺痕的長度修剪兩側。最好將尾端修成漂亮的尖頭。

3. 剪洞

在吸管長度大約三分之一的地方，用剪刀、斜口鉗或其他切割工具，以兩種不同角度各剪一刀、切出鑽石形狀的洞。接著在吸管長度內，以同樣的間距多開兩個洞。

吹吹看

將尖頭那一端擺在你的嘴巴中。用嘴唇將吸管夾緊並用力吹氣，使尖頭兩側一起振動，就像真的雙簧管當中的簧片一樣。

按住或放開吸管上的洞口，就可以吹出不同音調了。

來點新花樣

可以試著在吸管上剪更多洞。還是準備一系列吸管，而洞口的數量一樣，吸管的長度卻不一樣？你也可以搭配智慧型手機下載的鋼琴或吉他調音器，挑戰讓吸管雙簧管完美地發出正確音調。⬚

時間：
2～5分鐘

難度：
簡單到爆

成本：
幾美分
（不到一塊錢）

材料：
» 飲料吸管

工具：
» 頂端尖銳的剪刀，或斜口鉗

**麥特·史特爾茲
Matt Stultz**
《MAKE》雜誌數位製造編輯，他是 3DPPVD、海洋之州 Maker 磨坊、HackPGH 的創辦人。

麻瓜的自製環保杯套
DIY Coffee Sleeve for Dummies
從失敗中學到的日用品設計眉角 文：編輯部／潘榮美　攝影：ADporter

許 多人會自備可重複使用的環保餐具和日常用品，在政府限塑令實施以來，可以看到更多人用環保手提杯套提著飲料杯趴趴走。編輯部看到各種量產和手工款式，不禁Maker魂蠢蠢欲動，試著用超簡單縫紉法製作了可愛的布杯套，不過與其說第一次做環保杯套就上手，不如說是第五百次在失敗中學習。雖然沒做出世界最好用的杯套，但至少布料很可愛，也知道下次如何做得更好。

1. 設計圖怎麼畫？

首先畫出實際的杯套形狀、大小，再逆向拆解成材料原本的樣子，把中間的過程像畫四格漫畫一樣預先畫出來，推估需要的步驟和材料。對非專業Maker來說，規劃這些步驟需要一些心力，但是幫助很大。有時邊畫才邊了解哪一塊布要留邊、哪一邊要先縫等等。

2. 根據功能設計成品

杯套的功能主要是撐住杯身並提著走，形狀貼合度、上下寬度、實際使用時的彎曲度、材質重量，以及帶子的選擇，都是支撐杯身的關鍵。

一般提袋形狀無法讓飲料好好站著，所以需要貼合杯身、或是選擇較重較穩的材料、用多層布料疊著縫，或使用裡布等。至於尺寸，我最初使用店家賣熱飲附的紙杯套描邊，後來發現瓦楞紙類的厚紙與布料硬度不同，紙沒有完全貼合杯身也能支撐，而布料沒有貼合就會很歪、不好拿。需要先畫出實際使用時的彎度，才能畫出平面布料的形狀。而且市面上飲料杯上下圓的直徑有差異，為了避免杯子塞不進去或整個穿出來，先拿的回收的空杯子測試最保險。

提帶也很重要。要選擇夠硬的帶子，如皮帶或多層布料；網路上可看到有人使用麻繩穿過套子打結，以金屬環保護穿洞邊緣。不過大部分看到的帶子都是布或皮帶縫上的，亦不需太高的技術門檻。帶子一定要穩穩縫在套子上，在套子兩側的上中下處固定愈多處愈好，不然帶子跟套子分離會很讓人心痛。

3. 個人需求

我們總是追求更順暢的使用者體驗，不過自製日用品要符合我們的期待，就需要我們自己更多創意與規劃。有些人期待杯套從收納到使用都能輕巧方便，有些人希望盡量穩固，有些人想要防水或保溫，有些人總是煩惱還沒喝時吸管要放哪裡。在畫設計圖和選擇材料時就可一併考慮需求，例如杯套外面再縫一小片布用來插吸管、選用防水布料等。比較介意外觀的話，畫設計圖的縫製步驟就更重要，如帶子該縫在套子內還是外等等。

經驗不會背叛你！

也許你一開始花了大把時間做了一版成品，結果卻一踏糊塗（地板也濕得一踏糊塗），難免會覺得氣餒。但是在錯誤中學到的經驗，會在往後設計類似物品，甚至做毫不相干的事情時，回過頭來幫助你。

製作過程中的 N 個心痛教訓：

» 比設計圖縫得小了一點，杯子就塞不進去了。
» 開心拿去裝飲料時，飲料華麗180度翻倒了。才發現杯套開口不夠大，上下寬度太窄，只能支撐杯身下半部，因此重心太低而翻倒。
» 好不容易用了一陣子，發現不防水布料長時間接觸冷飲杯壁的水結果發臭了。要常洗曬，或是選用防水布料或皮革。

杯套款式小評比

» **經典款**：無論布料或皮革，將一到兩塊原料縫在一起加上帶子固定。步驟簡單，但尺寸需要詳細規劃和測試。
» **即用即接**：凹凸的杯套有點難收納，而一片式杯套加上扣子或簡單卡榫，就能平整收納。但設計時的眉角更多，例如材料能否支撐扣子、要測試接合後尺寸等。
» **帶與套一體成形**：把帶子與套子畫在同一塊材料裁剪縫合，省去一道縫合手續，也不用擔心帶子與套子接合不穩，但可能會浪費一大塊原料。

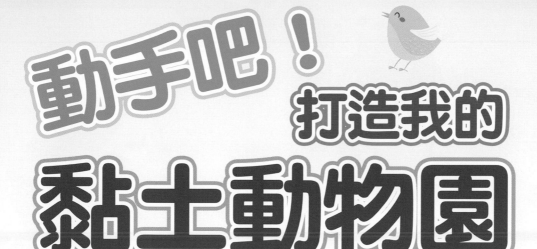

動手吧！打造我的黏土動物園

活動資訊

時間：**2019 / 3 / 8（五）14:00 ～ 15:00**
（13:30 ～ 14:00 開放報到及入座）

地點：**慢旅地圖空間**
（捷運龍山寺站B2，台北市萬華區西園路一段145號B2）

活動內容

跟著「**Reverse 樂活工作坊**」發揮想像力，結合創造力，用雙手捏出超療癒的黏土動物頭吧！

報名費用

400元／人（含小豬及小馬頭黏土材料各1份及包裝盒各2份）
加購50元即可獲得磁鐵或名片夾，升級作品喔！

親子同樂互動趣

報名方式

2/11前報名享**早鳥優惠**
兩人同行另有**團體優惠**

掃我報名：

電話報名：
請撥打02-2381－1180#335，
早上9點～下午5點（中午12～1點不開放）

※本活動限15人，額滿即停止報名，並於官網、FB公告。

約翰·拜西塔爾
John Baichtal
有十餘本著作，主題從
Arduino、樂高到機器人都有。
最新的著作是《LED 專題手冊》
（LED Project Handbook）（暫
譯），將由 No Starch 出版。

ARDUINO導覽

1.**重設按鈕**—從頭開始重新執行Arduino
草稿碼。

2.**USB-B插槽**—適用USB-B連接線。

3.**筒型插孔**—可插入2.1mm筒型插頭的電源
線。

4.**內建LED**—要測試Arduino嗎？閃爍這個LED
是最簡單的方法。參見「裝置程式設計工具」。

5.**TX/RX LED**—這些LED閃爍時代表資料正在
傳輸。上傳程式碼到Arduino的時候最常看到。

6.**計時晶體**—這個16Hz晶體幫助Arduino對
時。

7.**數位腳位**—控制LED、伺服馬達和其他元件。

8.**ICSP排針**—這個6針腳排針讓Arduino的啟
動程式可以重新刷入或重新撰寫程式，無需把
Arduino從電路移除。

9.**ATmega328P**—328P微控制器是Arduino的
大腦，控制數位腳位並從類比腳位讀取資料。

10.**電源接腳**—這些腳位提供3.3V或5V加上接地
和一些其他功能。

11.**類比輸入腳位**—類比輸入腳位一般用於讀取
感應器資料。

認識Arduino

Get to Know
Arduino

Arduino微控制器速成教學

文：約翰·拜西塔爾　譯：屠建明

**如果你還沒進入Arduino的世界，我們
這就來帶你簡單入門。**

　　Arduino是一種微控制器，是信用卡尺
寸的電腦，能透過各種程式化的指令讀取
感應器、點亮燈光和控制馬達。Arduino
使用容易，而且對科技產品而言，價格非
常親民。

第一號：UNO

　　Uno並非最快、最新或最強大的
Arduino機型，但對多數專題而言已經很
充足，而且有很多程式碼範例和教學可以
參考，更有各種外掛感測器和元件可用。
因為這些理由，Uno歷久不衰，連開始使
用更大、更強機型的玩家們都愛不釋手。

運用 GPIO

　　Arduino和外界互動的方式之一是通用
輸入／輸出（GPIO）腳位，含類比及數
位。數位腳位的開啟和關閉能控制5V訊

Hep Svadja

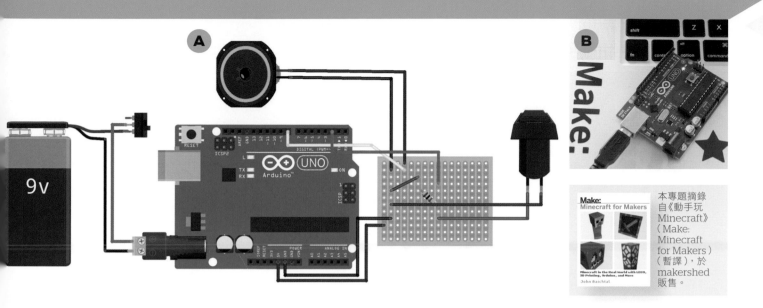

號，讓我們點亮LED、觸發馬達等。數位腳位也能透過快速開啟和關閉元件來產生調光的效果。相對地，類比腳位能從感測器獲得各種讀數。舉例來說，連接到類比腳位的光感測器，一般能根據偵測到的光線亮度傳送0到1027的讀數。圖 A 是一個簡單的Arduino專題的範例，它會在按鈕按下時啟動蜂鳴器。圖中的黃線把蜂鳴器連接到第8腳位，而橘線將按鈕連接到第2腳位。紅色和黑色線提供電源和接地。

UNO 的電源

為Arduino供電有三種方法。最簡單的方法是透過USB線把板子插入電腦。這樣不僅能為Arduino供電，還能做為程式設計時資料連線方式。這個方法的限制之一是需要電腦，但也可以用牆面插座轉接器或支援USB的電池。圖 B 是透過USB為Arduino供電。它也有筒型插孔來支援電池組和有變壓器的電源供應器，有個很好的例子是SparkFun的9V牆面轉接器（料號298），但也可以用9V電池搭配正確的插頭。最後Analog 0腳位附近標有Vin的腳位可以用來焊接電源接點，取代電源接頭。

下載軟體

要為Arduino設計程式時，我們得下載Arduino IDE這套開發環境，可以在「Software」（軟體）下面的「arduino. cc」找到。這套開發環境適用於Windows、Linux和麥金塔電腦，但操作方式各有不同，所以建議先詳閱安裝說明。

裝置程式設計工具

Arduino的程式稱為草稿碼，但所使用的程式設計技巧和其他語言相同，如果有任何程式設計的經驗，這個過程就簡單易懂。即使沒有經驗，習慣後就會發現它的語法很單純。我們先來看Blink，這是非常簡單的草稿碼，也是新手通常會先學的範例。Blink的功能顧名思義是讓LED閃爍。更具體而言，它會讓Arduino的內建LED閃爍，一秒亮和一秒滅。在Arduino軟體從File（檔案）→ Examples（範例）→ Basics（基本）的路徑選取Blink腳本程式碼，把它打開來看看。第一個部分是**setup()**，同樣顧名思義是把程式的各個元素準備就緒。Arduino啟動後會執行一次**setup()**；只要沒有關機重開，**setup()**不會再次執行。

這裡是Blink的setup()：
```
void setup() {
pinMode(LED_BUILTIN, OUTPUT);
}
```

可以看到**setup()**包含大括號之內的範圍，由一個指令構成：將內建LED的腳位初始化成輸出腳位。

上傳草稿碼

在螢幕上打開草稿碼後，根據以下步驟操作：

1. 從Tools（工具）→ Boards（控制板）下拉選單選取 Arduino/Genuino Uno。
2. 從Tools（工具）→Port（連接埠）選取序列連接埠。任選一個可用的。
3. 上傳之前，選擇Sketch（草稿碼）→ Verify/Compile（確認），如此可以在上傳前檢查錯誤。
4. 確認USB線已接上。
5. 點選Sketch（草稿碼）→Upload（上傳），把草稿碼上傳到Arduino。

後續步驟

想要學習Arduino的最好方法是探索Arduino軟體的範例程式碼。在Arduino軟體選取File（檔案）→ Examples（範例）就會看到一系列涵蓋Arduino幾乎所有功能的各種範例。此外，Arduino Playground（playground.ardino.cc）有給菜鳥和老手的程式編輯協助和建議。🖝

本專題摘錄自《動手玩Minecraft》（Make: Minecraft for Makers）（暫譯），於makershed販售。

科技旋律
Tech Tunes

結合Java和Arduino讓軟碟機唱歌

文、攝影：山姆・亞徹

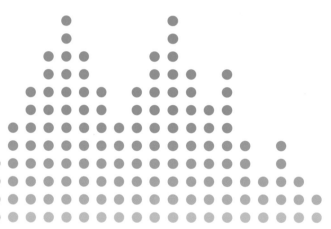

山姆・亞徹
Sam Archer
白天當軟體工程師，晚上當遊戲和科技玩家。

時間：
1～2小時

難度：
中等

成本：
20～50美元

材料

» **軟碟機，3.5"** 至少一個，但可多達 8 個以上
» **Arduino Uno 微控制板**或同規格產品
» **電源供應器，AT 或 ATX** 但任何 5V 2A+ 的電源都可用
» **軟碟機排線，34 針腳 IDC 連接器**
可替換為：
» **跳線，公對母（3）和母對母（1）**
» **麵包板和額外電線（可選用）** 可讓專題線路更整齊

工具

» **斜口鉗**
» **剝線鉗**
» **工具刀或 X-Acto 刀（可選用）** 可更輕鬆分開排線
» **個人電腦** 能執行 Arduino IDE（arduino.cc/en/Main/Software）和 Java
» **Arduino IDE** 需安裝有 TimerOne 函式庫

這一切始於一個賭注：很多同事在傳「Phantom of the Floppera」（軟碟魅影）這個影片，其中有人很篤定這是假的。他說：「他們只是把音效配上老電腦的畫面。」我說：「亂講，這根本不難！我今天晚上回家就做得出來！」嘗試了好幾個小時後，我救回來的軟碟機終於擠出「快樂頌」的前幾個小節，雖然有一點走音。

軟碟的圓形媒體上有很多承載資訊的「磁軌」，而軟碟機有一個磁頭，在軟碟的表面上一次讀取一個磁軌。磁頭的位置由一個步進馬達控制，而軟碟機有一個方便的介面，對正確的腳位施以訊號脈衝來使磁頭一次移動一個磁軌。以特定的頻率來送出脈充訊號就能讓軟碟機的震動發出和揚聲器一樣的方波聲音。

在稍微見識軟碟機的音樂潛力後，我把 Arduino 翻出來、從朋友那裡扣了一大袋軟碟機，並開始打造美妙（或至少聽得出來）的音樂。成果呢？本文接下來就帶你看 Java 應用程式和 Arduino 草稿碼如何讓軟碟機唱歌。

硬體組裝

首先我們需要 Arduino、軟碟機、電源和軟碟機的排線或跳線（圖 A）。如果用的是排線，把線的一端剪掉，留下夠用的線（有的排線裡面有交叉；避開有交叉的那邊，這樣比較容易循線）。軟碟機的腳位是成對配置：奇數腳位是接地，偶數腳位是資料腳位。訊號透過接地傳送給資料腳位。和我們有關的資料腳位有三個：

» **12（或 14）—「軟碟機選取 B（或 A）」腳位**
» **18—「方向」腳位**
» **20—「步進」腳位**

「軟碟機選取」腳位用來啟動軟碟機，讓它能回應訊號。軟碟機通電並啟動時，它的 LED 指示燈會點亮。「方向」腳位會決定軟碟機的磁頭前進或後退。每一次「步進」腳位將會從未接地（浮動或 5V）變成接地，軟碟機都會讓磁頭往行進方向移動一步。

如果用的是排線，把它的線分開，如圖

B；如果用跳線，就直接把它們接到軟碟機上的腳位。「軟碟機選取」線要連接到對應的接地（12-11或14-13）。有的軟碟機只要連接任一對就能運作，但有的一定要連接特定的一對，所以可能要在你的軟碟機上嘗試一下，看哪一對接上時會讓軟碟機上的LED點亮（在照片中是12-11）。「步進」線要連接到Arduino的第2腳位、「方向」線連接到第3腳位，而且有一條接地線要連接到Arduino的GND腳位（圖C），否則Arduino和軟碟機可能會對「接地」的定義不一致，使訊號無法傳送。如果你有超過一個軟碟機，新增軟碟機的「步進」線要連接到Arduino的偶數腳位（8個軟碟機時最多到A2），而「方向」線連接到奇數腳位（最多到A3）。

軟碟機接到Arduino後，接著來連接電源。如果你用的是ATX電源供應器，就使用Molex型軟碟機連接器；如果是用5V電源，軟碟機電源連接器最右邊的腳位是+5V，而右邊算來第二個是接地（標準電源連接器的紅線是+5V，黑色線是接地）。如果用的是ATX電源，則也要把大連接器上的綠線和黑線短接，給電源供應器啟動的訊號（圖D）。

通電後，軟碟機的LED會點亮（圖E）。如果沒亮，就檢查接線，並嘗試交換連接「軟碟機選取」A和B腳位。

Arduino 草稿碼

下載並安裝Arduino IDE，打開並前往Sketch（草稿碼）→Include Library（新增函式庫）→Manage Libraries（函式庫管理員），然後尋找並安裝TimerOne資料庫。關閉Arduino IDE並把Arduino Uno插入電腦的USB連接埠。軟碟機可能要花一點時間初始化，但Arduino IDE應該已經完成軟碟機的安裝。

從github.com/SammyIAm/Moppy2/releases下載MoppyArduino壓縮檔，在方便的地方把它解壓縮，接著在Arduino IDE打開Moppy.ino草稿碼檔案。IDE應該已經自動偵測到Arduino已插入；如果沒有的話，可能就要在Tools選單裡選取適當的開發板類型和連接埠。按下在IDE頂端

的「Upload」（上傳）按鈕，接著IDE就會成功把草稿碼編譯並上傳到Arduino。注意畫面底端的黑色主控臺，確認沒有出現紅色字體的錯誤。

如果上傳成功，且電源供應器已開啟，Arduino重設時，我們連接的第一臺軟碟機就會發出四個音符的啟動音效。

控制軟體

接著再從同一個GitHub頁面下載MoppyControlGUI壓縮檔，在方便的地方解壓縮，然後從bin資料匣執行適當的MoppyControlGUI執行檔（例如在Windows的話執行*.bat）。選取對應Arduino序列埠之Network Bridges（網路橋接）下方的選取方塊；接著Arduino會重設並在視窗右邊顯示為裝置。

點選「Load File」（載入檔案）從samplesongs資料匣載入隨附的MIDI檔案，接著按下播放按鈕！

動手做更多

至少做出一臺音樂軟碟機後，可以考慮增加樂團成員！嘗試把軟碟機裝在有視覺美感或聽覺快感的東西上（還可以加裝RGB LED）。在MoppyControlGUI應用程式下方嘗試不同的對應設定，並且在網路上找更多MIDI檔案來播放。如果特別有興致，這裡的配置可以改裝來演奏其他步進馬達裝置或繼電器，演奏出電腦硬體的打擊樂。而且這個軟體是開源的，讓你隨意客製化。

LED 已點亮

MAYKU FORMBOX 真空成型機

700美元 mayku.me

現在Maker做專題有很多工具可以選擇，但很少機器可以像真空成型機，令人立刻滿足。Mayku FormBox省略猜測的麻煩，你只要在機器置入「形狀板」或「模型板」，依照自己的材料調整設定，等到機器準備好，計時器就會通知你

這項產品包括FormBox機身和額外的精選材料，還有幫助你認識真空成型的物件，外加連接吸塵器的接頭。雖然我認為這個價格應該附贈吸塵器，但是搭配我家的吸塵器，使用起來還滿方便的。我唯一不滿意的是，製作的材料尺寸上限應該再大個幾英寸。我打造過幾部真空成型機，但直到看見Mayku FormBox的優點，總算明白我犯過哪些錯。

——麥特 · 史特爾茲

HOMERIGHT SPRAY SHELTER 噴漆棚

40美元
homeright.com/products/small-spray-shelter

噴漆和拋光讓我們輕鬆為作品上色，但如果工作室狹小，想必難以控制過噴，還是會搞得一團亂。

HomeRight Spray Shelter可以解決你的問題，有兩種尺寸可供選擇，我的小尺寸用了幾個月，果然方便我為專題噴漆加工。噴漆棚收納在直徑12英寸小袋，取出後不費吹灰之力，就可以變身35x30x39英寸噴漆房。大開口設計，可以顧及專題的每一側，就算面對尼龍材質，也不會有噴漆或噴劑亂流的問題，只不過大功告成後，還要摺回去就有點麻煩，我也希望噴漆房有掛勾可以掛東西，但整體來說值得加入我的工作室。

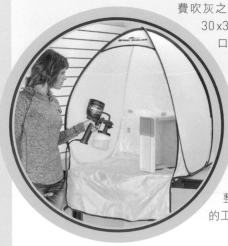

——泰勒 · 溫嘉納

POKIT METER 口袋萬用電表

70美元（預購價） *pokitmeter.com*

萬用電表是修理電器時不可或缺的工具，但大多過於笨重，不可能隨身攜帶。Pokit Meter就不一樣了，直徑低於2英寸，可以放進褲子口袋，也可以繫在鑰匙圈或脖子掛繩，兩根探針最常可以拉到約9英寸，按個鍵就會馬上縮回去。

透過藍牙把Pokit Meter連接智慧型手機，你會覺得更好用。Pokit的計量功能包括電壓計、電阻計、電流計和溫度計，另外還有示波器和資料收集器，以便長時間追蹤資料，最長可達6個月，採樣間隔從1秒到2小時不等。

只可惜彎曲的探針不太好用，藍牙連線也會造成些微延遲，否則如此多功能又防水的萬用電表實屬難得。

——泰勒 · 溫嘉納

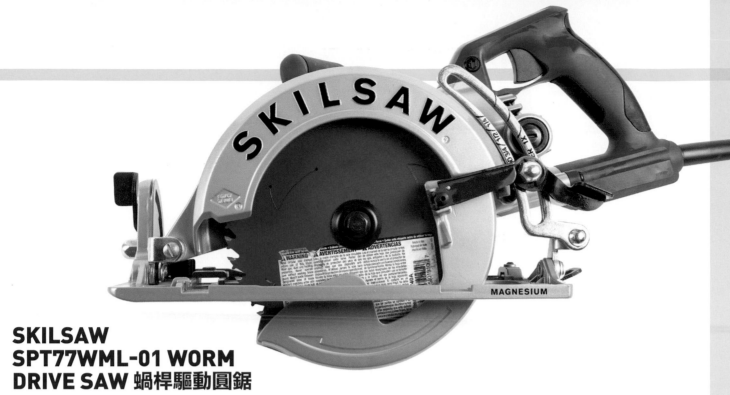

SKILSAW SPT77WML-01 WORM DRIVE SAW 蝸桿驅動圓鋸

200美元 skilsaw.com

正當我無線器具的電池陸續壞掉，我就慢慢投向有線的懷抱。比起可隨身攜帶的無線器具，有線器具的功能、功耗和使用壽命都更勝一籌。我最先把無線圓鋸換成Skilsaw經典的蝸桿驅動圓鋸，它強大的15amp馬達似乎按個觸發器，就可以瞬間衝到最高速度，也不會像我之前的電池圓鋸，刀片碰到材料就開始減速。它專門切割合板和2×4，但我試過各種材料都毫不費力。

這個平臺厚實又耐用，一下子就可以調整好刀片的高度和角度，但只要上鎖就會牢牢卡住，況且馬達處於絕佳的位置，具有一般直驅式圓鋸所缺乏的整體平衡感，電線也不是什麼大問題，反正我都是在車庫或後院做專題，距離插座（或延長線）夠近，我想應該可以用個數十年。

——麥克·西尼斯

MINTYPI KIT 樹莓派遊戲機套件

160美元 mintykit.com

我們這些喜歡掌上型遊戲的自造者，至今看過無數DIY Raspberry Pi手持式遊戲主機。

MintyPi是以Raspberry Pi Zero為基礎的可攜式模擬器，支援RetroPie萬能家用遊戲機，內含可圈可點的小型PCB（印刷電路板），負責管控跟按鍵、顯示器、喇叭和電池硬體的連線。這個專題有點挑戰性（大約花了我8小時），還好有充分記錄下來，況且我也樂在其中。

我承認我最喜歡的部分就是直接用現成的東西，例如有人把Altoids薄荷口香糖空盒改造成MintyPi，根本是神級的特務掌中物，但搞不好是……有人很珍惜口香糖，藉此掩人耳目。

——安德魯·史托特

KLEIN TOOLS TRADESMAN PRO ORGANIZER (BACKPACK) 工具收納背包

90美元 kleintools.com

工具箱很好用，但裡面經常堆放大量的工具，總是要費心翻找，才能夠找到適合的螺絲起子。Klein Tools Tradesman Pro Organizer有35個內袋，讓每個工具都有自己的擺放空間，袋子的底部是粗糙的橡膠表面，無論袋子放在哪都安安穩穩。

裡面有專為螺絲起子、鉗子和扳手設置的內袋，但我喜歡裡面有一兩個大內袋，可以放鑽頭等電動工具。雖然不是每個人都需要裝滿工具的背包，但對於經常往返Makerspace或職業學校的人來說，不失為完美的解決辦法。

——麥特·史特爾茲

SHOW & TELL

來看看最新Maker Share比賽的優勝者，從中獲得靈感吧！

想看到自己的專題刊登在《MAKE》雜誌上嗎？那就把作品傳到makershare.com/missions/mission-maker

文：喬登·拉米
譯：謝明珊

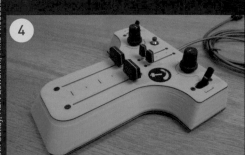

❶ **貝斯·薩萊（Beth Sallay）** 看到伏爾克·史丹吉（Folker Stange）在Thingverse的設計，心血來潮打造可程式化鐘琴，薩萊說：「我在Adobe Illustrator試過各種設計，從透明壓克力到木頭，整個過程很有趣，大約花兩個月不斷地嘗試錯誤，一邊拼命測試，一邊破口大罵」。她的鐘琴在當地的Mini Maker Faire中受到大人小孩的喜愛。makershare.com/projects/programmable-glockenspiel

❷ **科特·盧切克（Kurt Lewchuk）** 的樹莓派收音機，把經典收音機加以數位化，省略原本的類比電子裝置，重現收音機的往日榮光。他的程式模擬以前的操作方式和經典的程序指令─透過調整旋鈕，在AM雜訊（WAV檔案）中間切換電臺。盧切克說：「這可是我家這陣子的熱門話題呢！」makershare.com/projects/raspberry-pi-vintage-radio

❸ **麥克·尼德巴拉（Mike Niedbala）** 愛上3D水深圖之後，就決定自己做一幅地形圖。尼德巴拉說：「但我又希望這個地形圖對我有意義。」最後他選擇紐約州的西點（West Point），因為他在那裡就讀大學。他善用研究所Makerspace的雷射切割機，把自己的夢想付諸實現。Makershare.com/projects/wood-topographic-map

❹ **安德烈·費雷拉（Andre Ferreira）** 喜歡玩滑翔傘遊戲，但就是找不到完美的控制器，無法玩得盡興。費雷拉說：「我有各式各樣的構想，但最後選擇滑動式電位器，因為便宜、小巧又容易買到。」我們很喜歡底盤的整體設計，加上裡面藏有Arduino，玩家可以針對其他大量遊戲，重新編寫控制器的程式。makershare.com/projects/diy-game-controller

❺ **柯爾·布羅爾（Cole Brauer）** 的開源Arduino機器蜈蚣，超適合教學生編寫程式和電子學的基本概念。布羅爾說：「機器蜈蚣跟其他DIY機器人最大的不同，是採用分段式底盤設計，讓機器人像蜈蚣一樣行動，也方便擴充」。分段主要是靠電動「腿」驅動，可以搭載各式各樣的模組。makershare.com/projects/make-pede-0

※將此虛線對摺

Make

{ 一年六期 雙月刊 }

vol.13（含）後適用

優惠價

1,380元

搖滾吧！9個DIY音樂專題 ▪ 讓音響迷也瘋狂的**3D列印蛋型喇叭**

Make:

國際中文版 Vol. 39 2019年1月號

萬物聯網

Let's Robot：
網路遙控機器獸
用線上工具讓生活自動化
Maker的雲端控制裝置
Shodan搜尋引擎：
網路駭客變捕裝置大揭密
13個保護IoT裝置的
防駭絕招

➕ 中世紀現代主義風格書桌、用紙板做遙控懸浮車、RFID科技美甲，超過25個專題教學！

MAKER MEDIA 馥林文化 　　　　www.makezine.com.tw

訂閱服務專線：（02）2381-1180 分機391

請務必勾選訂閱方案，繳費完成後，將以下讀者訂閱資料及繳費收據一起傳真至（02）2314-3621 或撕下寄回，始完成訂閱程序。

請勾選	訂閱方案	訂閱金額
☐	《MAKE》國際中文版一年 + 限量 Maker hart《DU-ONE》一把， 自 vol._____ 期開始訂閱。※ 本優惠訂閱方案僅限 7 組名額，額滿為止	NT $3,999 元 （原價 NT$6,560 元）
☐	自 vol._____ 起訂閱《MAKE》國際中文版 _____ 年（一年 6 期）※ vol.13（含）後適用	NT $1,380 元 （原價 NT$1,560 元）
☐	自 vol._____ 期開始續訂《MAKE》國際中文版一年（一年 6 期）	NT $1,200 元 （原價 NT$1,560 元）
☐	vol.1 至 vol.12 任選 4 本，_____	NT $1,140 元 （原價 NT$1,520 元）
☐	《MAKE》國際中文版單本第 _____ 期 ※ vol.1～Vol.12	NT $300 元 （原價 NT$380 元）
☐	《MAKE》國際中文版單本第 _____ 期 ※ vol.13（含）後適用	NT $200 元 （原價 NT$260 元）
☐	《MAKE》國際中文版一年＋ Ozone 控制板，第 _____ 期開始訂閱	NT $1,600 元 （原價 NT$2,250 元）

※ 若是訂購 vol.12 前（含）之期數，一年期為 4 本；若自 vol.13 開始訂購，則一年期為 6 本。
（優惠訂閱方案於 2019／3／31 前有效）

訂戶姓名 ☐ 個人訂閱 ☐ 公司訂閱		☐ 先生 ☐ 小姐	生日	西元_____年 _____月_____日
手機			電話	（O） （H）
收件地址	☐ ☐ ☐			
電子郵件				
發票抬頭			統一編號	
發票地址	☐ 同收件地址　☐ 另列如右：			

請勾選付款方式：

☐ 信用卡資料（請務必詳實填寫）	信用卡別　☐ VISA　☐ MASTER　☐ JCB　☐ 聯合信用卡

信用卡號			－		－		－		發卡銀行	

有效日期		月		年	持卡人簽名（須與信用卡上簽名一致）	

授權碼		（簽名處旁三碼數字）	消費金額		消費日期	

☐ 郵政劃撥 （請將交易憑證連同本訂購單傳真或寄回）	劃撥帳號	1 9 4 2 3 5 4 3
	收款戶名	泰 電 電 業 股 份 有 限 公 司

☐ ATM 轉帳 （請將交易憑證連同本訂購單傳真或寄回）	銀行代號	0 0 5
	帳號	0 0 5 - 0 0 1 - 1 1 9 - 2 3 2